食用豆高产栽培技术与综合利用

SHIYONGDOU GAOCHAN ZAIPEI JISHU YU ZONGHE LIYONG

张耀文　赵雪英　主编

山西出版传媒集团
山西科学技术出版社

编 委 会

前 言

本书是以种植面积较大的7种食用豆（绿豆、小豆、芸豆、豌豆、豇豆、小扁豆、蚕豆）为研究对象，是在国家“十一五”“十二五”支撑计划、国家食用豆现代农业产业技术体系、山西省科技攻关项目等资助下，在科研人员多年潜心研究总结的基础上编写而成的。全书共分七章，每章分六节，详细介绍了每种作物的形态特征、新品种、栽培技术、病虫害防治、综合利用等方面的知识。内容丰富，简明易懂。

本书汇集了作者多年来研究取得的新成果、新技术、新方法、新思路，系统性、实用性、可操作性强，可供食用豆科研人员、生产者、经营者、加工者和农业技术推广人员参考。

本书引用的许多案例来自作者研究团队及多方研究的经验。在此表示感谢。

因作者水平有限，书中如有缺点和不足之处，敬请读者批评指正，以便不断修改和完善。

编者

2017年9月

目 录

第一章　绿　豆

第一节　绿豆形态特征

一、植物学特征

（一）根

绿豆的根由主根、侧根、次生根、根毛和根瘤几部分组成。

主根，粗，由胚根发育而成，垂直向下生长，入土较浅，分布在地表下 8~10 厘米处，主根上长有侧根。侧根，细长而发达，先水平延伸，然后向下生长，侧根入土深度超过主根。侧根的根部长有根毛。主根和侧根上着生有许多根瘤，绿豆出苗 7 天后开始有根瘤形成，初生根瘤为绿色或淡褐色，以后逐渐变为淡红色。主根上部的根瘤体形较大，固氮能力较强，苗期根瘤的固氮能力很弱，随着植株的生长发育，根瘤菌的固氮能力逐步增强，到开花盛期达到高峰。根瘤发育的好坏和根瘤菌活动的强弱，直接影响绿豆的生长和产量。有资料表明，在根瘤菌发育良好的情况下，仅根瘤菌固定的氮素就能使绿豆的 667 米^2 产量达到 78 千克的水平。

绿豆根系的吸收能力很强，能利用土壤中难于溶解的矿质元素，并能在沙粒或岩石中吸收养分，所以它能在风沙干旱、土壤贫瘠的土地上生长。

（二）茎

绿豆种子萌发后，其幼芽伸长形成茎。绿豆的茎比较坚韧，外表呈近圆形。幼茎分紫、绿色两色，是苗期鉴别品种去杂提纯的重要标志，如晋绿豆 1 号的幼茎为紫色，而中绿 1 号的幼茎为绿色。成熟茎多呈灰黄、深绿或暗褐色。根据绿豆茎的形状可分为直立类型、半蔓生类型和蔓生类型三种。

直立类型：茎秆直立，节间短，分枝与主茎夹角小，分枝少，主茎与分枝粗细分明，抗倒伏性强。

半蔓生类型：茎基部直立，较粗壮，中上部变细，分枝与主茎间夹角较大，分枝较多，分枝长度与主茎高度相近。

蔓生类型：茎秆细，节间长，枝叶茂盛，分枝多弯曲且长于主茎，有的分枝长达主茎二倍以上，不论主茎还是分枝，均匍匐生长，进入花期后顶稍都有卷须，缠绕在一起。

株高（主茎高）因品种而异，一般 40～100 厘米，绿豆主茎和分枝上都有节，主茎一般 10～15 节，每节有一个三片复叶，在其叶腋部长出分枝或花梗。节与节之间叫节间，在同一植株上，上部节间长，下部节间短。一般在茎基部第 5 节上生长分枝，第 6～7 节以上生长花梗，在花梗的顶端节瘤上生长绿豆的花。茎主要起输导和支持作用，根部吸收的水分、无机盐和合成物质，通过茎秆向上输送到花、叶各器官，同时将叶片制造的有机物质向下运输到根系，叶片靠茎秆的支撑才能自由地分布在空间，接受阳光，进行光合作用。

（三）叶

绿豆的叶有子叶和真叶两种。绿豆刚出苗时两片叶子叫子叶，淡黄色，呈椭圆形或倒卵形，子叶肥厚，富含营养物质，供种子发芽、出苗和幼苗生长的需要，子叶出土 7 天后，养分基本耗尽，枯干脱落。真叶有两种，从子叶的上面第 1 节长出的两片对生的披针形真叶是单叶，又叫初生真叶；随幼茎的生长，在两片单叶上面又长出三出复叶，三出叶片一般长 5～10 厘米，宽 2.5～2.7 厘米，绿色、卵圆或阔卵圆形。

绿豆的叶片具有光合作用和蒸腾作用。植株通过光合作用制造有机物质，并利用蒸腾作用促进根系对水分和无机盐的吸收，降低叶片温度，保持叶内水分平衡。

（四）花

绿豆花为黄色，生长在主茎或分枝的叶腋和顶端花梗上。花梗长达10~12厘米，越往顶端越短，只有1~2厘米。每一组花有10~25朵小花簇生在花梗上部，但绿豆落花落荚严重，一般有3~6朵小花结实。

（五）果实

绿豆果实为荚果，习惯称作豆荚，由荚柄、荚皮和种子组成。绿豆的单株结荚数因品种和生产条件而异，少则10多个，多则50个以上，一般25个左右。豆荚细长，成熟荚为黑色、褐色或褐黄色，呈圆形或扁圆筒形，稍弯。荚长6~16厘米，宽0.4~0.6厘米，单荚粒数与品种及生长条件有关，单荚粒数一般10~14粒。

（六）种子

绿豆的种子由种皮、子叶和胚三部分组成。有绿、黄、褐、黑和青蓝等5种颜色，以绿色居多。在各种颜色的绿豆品种中，种皮表面光滑有光泽，俗称明绿豆；外观粗糙无光泽，俗称毛绿豆。绿豆的形状有圆柱形和球形两种。大小用百粒重表示，百粒重一般在3~8克之间，百粒重6克以上为大粒型，4~6克为中粒型，4克以下为小粒型。绿豆种子寿命较长，一般情况下，可保存6年，有的甚至能保存10年。

二、生物学特性

（一）绿豆的生长与发育

幼苗期：健全的绿豆种子，在水分、温度、通气良好的条件下，播种后数天即可萌发出土。萌发时，胚根先穿过种孔而出，向土壤深处迅速生长，两片子叶顶着种皮，包着幼芽露出土层。子叶出土后，开始进行光合作用，由黄色变为绿色。

从出苗到分枝出现为苗期。绿豆子叶和单生真叶同时出土，很快展开出苗，10天后长出第一片复叶。此时的幼苗已有3个节，即地表上的子叶节、单叶节和第1复叶节与两个节间。地上部的生长速度较慢，地下部根系生长较快。一般地下部分比地上部分生长快 5～7 倍。此阶段一般品种需要 15～20 天，在太原春播需 30～40 天。占整个生育期的 1/5 左右。

枝芽期：自形成第 1 个分枝到第一朵花出现为分枝和花芽分化期，简称枝芽期。当第 1 复叶长出后，每个复叶的叶腋上开始有腋芽的分化。腋芽的分化分为两种，枝芽分化为分枝，花芽分化为花蕾。绿豆生育到一定的时期，在光、温等因素作用下，茎的分化组织继续形成叶原基和叶芽原基称分枝期；茎的分生组织不再形成叶原基和叶芽原基，而形成花序原基，即从花序原基的发生到花序的分化完成，叫花芽分化期。

绿豆开花前 15～25 天开始花芽分化，一般需要 30～40 天。分化的迟早，因品种、条件而异。早熟的、无限结荚习性品种分化较早，晚熟的、有限结荚品种分化较晚。

花芽分化的过程为：幼苗生长到一定阶段，如果温度和其他条件适宜叶腋间侧芽开始发育成梗，花梗的顶端膨大为节瘤，簇生十几朵小花。随着花梗的生长，小花开始分化，形成花蕾，待长到 3 毫米大小，肉眼看到时，即称现蕾。

绿豆的花蕾是一个扁圆形近似三角形体，在构造上具有花器官部分的原始组织，即原始苞叶、萼片、花瓣、雄蕊和雌蕊等。

第 1 花梗的出现，是绿豆由营养生长期进入生殖生长时期的标志。花梗现花蕾、分化小花也要求一定的内在和外部条件，如营养体必须生长到一定的主茎节数和复叶数时，才能出现花梗。花梗着生的主茎节位，因品种熟性和栽培条件各不相同，一般早熟品种着生在第 3 或第 4 复叶叶腋内；中熟品种着生在第 5 或第 6 复叶叶腋内；晚熟品种着生在第 6 或第 7 复叶叶腋内。

开花顺序与花芽分化顺序相同。同一植株上主茎花梗小花先开，然后以分枝出现早晚顺序开，同一花梗上基部小花先开。全梗开完需 25～40 天。

花荚期：当绿豆 1/3 的植株上出现两个以上花朵的时期，为始花期。绿豆从出苗到开花的日数，早熟种为 35 天左右，中熟种为 40 天左右，晚熟种为 50 天左右。

从花蕾膨大到花朵开放需 2～4 天。早晨 6～9 时开始开花，处在直射光下开得快且早，下午 4～5 时开始闭花，晚间基本都闭合，花期一天。每朵花开放时间为 3～4 小时，午后花能持续开放一夜。花朵开放前，花药破裂，花粉已大量落在柱头上授粉。花粉在柱头上萌发产生花粉管，穿入珠孔，花粉管中的精子与胚珠内的卵细胞和极核细胞进行双受精。一般绿豆授粉后 24～36 小时完成受精。受精后，子房迅速发育成豆荚。子叶细胞充满胚腔，干物质开始积累，形成种子。子房膨大到荚长、荚宽和荚厚的最大值，一般需要 10～15 天。

绿豆开花与结荚无明显界限，统称花荚期，是绿豆营养生长和生殖生长并进的旺盛时期，也是决定籽实产量和品质的关键时期。

鼓粒期：荚内豆粒开始鼓起，到最大的体积与重量时期，是直接关系到产量高低的重要阶段。

成熟期：鼓粒以后，种子含水量迅速下降，干物质达到最大干重，胚的发育也达到成熟色泽，籽粒呈现该品种固有色泽和固有大小，且不易为指甲刻记，摇荚有响声，这是第一期成熟。应及时收割、脱粒、扬净、晒干入库。

摘后期：从第一批熟荚收摘后，又有花荚出现（第 2 批熟荚收摘后，又有花荚出现），一直可以摘 3～4 次，至少收摘 2 次。从第一批收摘后重演开花、结荚时期称摘后期。

（二）绿豆生长发育对环境条件的要求

温度：绿豆是喜温作物。生育要求最低温度 15～18℃，适温 31～37℃，高温 44～45℃。地温平均稳定在 15～16℃即可播种，能出全苗。低于 14℃时发芽缓慢，30～40℃发芽最快，但幼苗较弱。最高可在 42℃时出苗。最适出苗地温为 20～26℃。气温 18～24℃时 5～7 天出苗，21～26℃时 4 天出苗。

幼苗对低温有一定的抵抗力，真叶显现前抗寒力较强，短时间的春寒对幼苗影响不大，真叶出现后抗寒力减弱。出苗后随着植株长高，分枝形成，需要有较高温度，一般 18℃以上植株才迅速生长。在开花结实前的花芽分化时期，温度在 19～21℃较适宜；花芽分化速度减缓、时间延长，利于花器发育完备，提高可孕率、荚长、粒数。温度低于 17℃以下，影响根系发育，植株停止生长，花芽分化受阻，影响花荚形成，开花很少，并推迟开花和成熟。如温度过高，则营养生长过旺，茎叶繁茂，花芽分化快、时间短、不孕小花增多，并造成荚小、粒少。绿豆开花后，特别是荚角鼓粒期，需要高温，26～30℃最佳。温度在 30℃以上时绿豆生育健壮，花荚多，荚果生长快，籽粒饱满、色艳、百粒重大，昼夜温差越大品质越优。天气晴朗，微风多，能促进籽粒灌浆和增重，有促进成熟和提高单产的作用。绿豆生育后期，对温度敏感，温度降至16℃以下，则植株停止生长，迟迟不熟，温度剧降或遇早霜，则种子不能完全成熟。当气温降至0℃以下时，植株会冻死。

光照：绿豆属短日照作物，且耐阴，只有满足一定的短日照条件，才能正常开花结实，日照越短植株生长越矮小，开花结实越早；相反，日照越长，枝叶越徒长，植株越高大，开花越延迟，甚至霜前不能开花。

绿豆多数品种对光照要求不严，不论春播、夏播或秋播，均能收获种子。但是，就绿豆个体发育而言，有光照敏感期，在绿豆由营养生长转入生殖生长的花芽分化的过程中，始终需要充足的光照。花萼原基形成和雌雄蕊分化期一直到生殖细胞形成期都需要强烈的光照。光照条件好，光合产物多，碳氮比值（C/N）相对提高，有利于花芽分化；若光照条件不能满足，会使植株光合作用降低，所合成的有机物质不能满足花芽分化对养分的需要，就会延缓开花。影响花粉母细胞的形成，而减少可孕小花数。某些品种，由于长期适用于某种光照条件，改变播种期会影响籽实数量，故适用于夏播品种，在春、秋播时要慎重。

水分：绿豆需水较多。生产中有“灰里芝麻泥里豆”的农谚。新鲜植株含水量80%以上，叶片相对含水量低于70%时影响光合作用。绿豆每形成1克干物质，需要消耗541～885克水，按现有生产水平，全生育期需水相当于400～600毫米降水量。绿豆还比其他豆类作物耐干旱。当土壤“黄墒”（含水量接近8%）时，尚能出苗。当然，缺墒也影响绿豆种子的吸水、发芽和全苗，但一旦水的条件有所改善，绿豆仍能开花、结荚、鼓粒，即使干旱，绿豆也很少有绝产绝收的情况。

绿豆的需水特点是，“苗期少，花期多，成熟期次”。绿豆长出真叶后，根系已下扎很深，能吸收土壤深层水分，抗旱能力较强，有较少水分即能满足生育需要。从分枝到开花，植株生活力旺盛绿豆体内耗水量最大，加上株高叶茂，蒸腾强烈，需要充足水分。其中雌雄蕊分化期是需水临界期，对水分特别敏感，此时若遇干旱，花粉和胚珠发育不良，造成秕荚、空壳、结实率显著降低。花荚期要求雨量充沛、土壤持水量在80%以上时，生育良好。水分亏缺，不仅根茎和茎叶停止生长，影响花荚发育，甚至还引起大量的落花、落荚，故要适当灌水。绿豆的成熟后期较抗涝，不耐雨雾，不耐淹，淹后土壤通气不良，不利植株生长，引起花荚脱落，甚至全株死亡。

土壤：绿豆适应性较强，对土壤肥力和类型要求并不严格。一般有机质含量0.4%左右，微酸、微碱性土壤都能生长。绿豆是双子叶植物、籽粒较大，出土拱土困难,种植绿豆最理想的是中性或弱碱性、土层深厚、疏松、透气性好、富含有机质、排水良好、保水力强的土壤。石灰性冲积土，有利于根瘤菌繁衍活动，有利于绿豆的生长发育。

淤泥土不宜种植，更不宜种后浇水，酸性土壤和盐碱地也不宜种植。

第二节　绿豆品种

山西位于黄河东岸，太行山以西，山地、丘陵地居多，水土流失严重，水源奇缺，土地贫瘠，广种薄收，生产发展缓慢，但夏季高温多雨有利绿豆生长，是全国绿豆主产区之一。通过绿豆轮作、倒茬，养田肥地，有利恢复地力，促进农牧业全面发展，减缓水土流失，恢复生态平衡。山西北部地区种植的绿豆多以直立、多荚、大粒、中晚熟品种为主，一般是春播；而南部地区种植的绿豆多以直立、中荚、中大粒、中早熟品种为主，一般是夏播。

一、优良地方种

（一）串地龙

山西汾阳市地方种，广种于晋中市和吕梁市。春播生育期90天，中熟种，一般667米^{2}产70~80千克，高产可达100千克以上。植株直立或半蔓，株高60厘米，主茎分枝2~4个，幼茎紫色，花黄色，属无限结荚习性，主茎12节，单株结荚25~30个，荚长11厘米，每荚11~13粒，籽粒浓绿色，有光泽、白脐、中粒种，百粒重5.6克，植株生长整齐健壮，成熟一致，耐水肥，蛋白质含量23.33%。

适于肥沃旱地和水地种植，春播5月中旬，汾阳、孝义一带麦后复播，667米^{2}留苗10000株，苗期应及时除草治虫，花荚期根据墒情适量浇水。

（二）榆次小绿豆

山西省榆次地方种。生育期77～80天，667米^{2}产70～100千克，植株直立，幼茎紫色，株高40～50厘米，主茎10～11节，主茎分枝1～3个，花黄色，有限结荚习性，单株结荚30个左右，荚长6～8厘米，每荚10～12粒，种子绿色，有光泽、白脐，百粒重4克。在晋中、吕梁可复播，文水一带7月10日之前播种，9月30日成熟。植株生长整齐健壮，成熟一致，耐水肥，蛋白质含量24.82%。适宜于水肥地种植，667米^{2}留苗10000～15000株。苗期及时除草、治虫，成熟期及时收获。

二、选育品种

（一）中绿1号

中国农业科学院育成的优良品种，并通过山西省农作物品种审定委员会审定。该品种适应性强，稳定性好，在中等以上肥水条件下具有较大的增产潜力，667米^{2}产一般100千克，最高达230千克。

该品种在山西省春夏播均可，夏播70天左右成熟，较抗叶斑病、白粉病和根结线虫病，并耐旱涝。植株直立、紧凑，茎秆粗壮，株高60厘米左右，幼茎绿色，主茎分枝1～4个。叶浓绿色，花黄色。结荚集中上举，单株结荚30个左右，成熟荚黑色，荚长10厘米左右，每荚10～15粒种子。种子粒大，碧绿晶莹，白脐，百粒重7克左右。成熟不炸荚，利于机械化收割。蛋白质21%～24%，脂肪0.78%，淀粉50%～54%，还含有多种维生素和矿物质如钙、铁、磷、硒等元素，具有较高的商品价值和较好的加工品质。

（二）晋绿豆1号

山西省农业科学院小杂粮研究中心经多年选育而成。是山西省育成的第一个绿豆新品种。该品种植株直立，株形略松散，幼茎紫色，叶片较大、呈深绿色。株高50～60厘米，主茎10～11节，分枝2～3个，花黄色。成熟荚黑色，呈圆钩形，荚长9～10厘米，荚宽0.5～0.6厘米。籽粒圆形，有光泽，白脐，属大粒型。春播生育期80～85天，属中早熟种。

单株结荚20~30个，单荚粒数10~12粒，百粒重6.6克。蛋白质24.7%，淀粉55.5%，脂肪1.01%。稳产、高产、适应性强，最大特点是苗期发育较快。耐低温，生长势强，无限结荚习性，成熟不炸荚，耐水肥，增产潜力大。较抗立枯病、枯萎病，对红蜘蛛有一定抗性。2004年获得山西省科技进步二等奖。

该品种适宜山西省绿豆主产区种植，各地依据种植习惯，适时早播，667米^{2}留苗8000~10000株，苗期及时中耕除草，花期结合浇水667米^{2}追尿素10千克。

（三）黑珍珠绿豆

山西省农业科学院小杂粮中心育成的绿豆新品种。该品种直立或半蔓，幼茎深紫色，春播生育期85天，夏播生育期70天，株高50厘米，分枝2~3个，花暗紫色。成熟茎、叶脉均为紫色、叶深绿色。单株荚数20~30个，成熟荚黑色，荚长8~9厘米，荚宽0.5~0.6厘米，单荚粒数10粒左右，籽粒乌黑圆润、明亮，好像一粒粒黑色的珍珠，百粒重6克。蛋白质27.38%，淀粉54.10%，脂肪0.32%。该品种长势较强，无限结荚习性，成熟不炸荚，性状稳定一致，667米^{2}产100千克。是一个早熟、高产、优质、特殊类型的绿豆新品种。做绿豆汤好煮易烂，品味好，商品价值高，2004年获得山西省科技进步二等奖。

全省范围内均可种植，也可与玉米、棉花、甘薯套种。春播增产潜力较大，更适合在春播区种植。

（四）晋绿豆3号

由山西省农业科学院小杂粮研究中心育成。中早熟品种，春播生育期90天，夏播生育期75天。植株直立生长，株形紧凑，幼茎绿色，成熟茎绿色，株高60厘米左右，主茎分枝3~4个，叶片卵圆形，花黄色。单株结荚20~30个，单荚粒数9~11粒，荚长约8厘米，荚宽0.5~0.6厘米，籽粒圆柱形，种皮绿色有光泽，白脐，百粒重约6克。蛋白质26.36%，淀粉51.88%，脂肪0.61%。结荚较集中，成熟一致，不炸荚，适于一次性收获。高抗绿豆象，抗旱，抗倒伏。2015年获得山西省科技进步二等奖。

山西省范围内均可种植。

（五）晋绿豆7号

由山西省农业科学院作物科学研究所育成。该品种春播生育期约95天，属中熟种。田间植株长势整齐一致，植株直立，株高50厘米左右，幼茎绿色，成熟茎褐色，主茎分枝2~3个，叶卵圆形，花黄色。成熟荚黑色、圆筒形，单株荚数20~30个，单荚粒数10粒。籽粒圆柱形，种子绿色有光泽，百粒重6.5克。蛋白质22.42%，脂肪1.11%，淀粉53.76%。抗白粉病，高抗绿豆象。2015年获得山西省科技进步二等奖。

山西省范围内均可种植。

（六）晋绿豆8号

由山西省农业科学院作物科学研究所育成。该品种在太原春播生育期约85天，属中熟种。田间植株长势整齐一致，茎秆直立，生长势中等，株高50厘米左右，幼茎绿色，成熟茎绿褐色，主茎9~10节，主茎分枝2~3个。叶色浓绿，叶卵圆形，花黄色。成熟荚黑色，圆筒形，单株荚数20个左右，单荚粒数9~10粒。籽粒圆柱形，种子绿色有光泽，百粒重6.5克。蛋白质23.95%，脂肪1.61%，淀粉50.98%。有一定的抗旱性。

山西省范围内均可种植。

（七）中绿5号

由中国农业科学院作物科学研究所育成。该品种在太原春播生育期约92天，夏播生育期70天，属中熟种。株形紧凑，植株直立，幼茎绿色，株高60厘米左右，主茎分枝2~3个，叶卵圆形，花黄色。单株结荚20个左右，荚长10厘米，成熟荚黑色，圆筒形，单荚粒数10~12粒，结荚集中，成熟一致不炸荚，适于机械收获。籽粒长圆柱形，种子绿色有光泽，百粒重6.5克。蛋白质25.16%，淀粉50.46%。抗叶斑病、白粉病，耐旱、耐寒性较好，后期不早衰。2015年获得北京市科技进步三等奖。

山西省范围内均可种植。

（八）冀绿豆7号

由河北省农林科学院粮油作物研究所育成。早熟品种，夏播生育期65天，春播生育期80天。株形紧凑，直立生长，幼茎紫红色，成熟茎绿色，夏播株高 55 厘米，春播株高 50 厘米，主茎分枝 3～4 个。叶卵圆形，浓绿色，花黄色。单株结荚 20 个左右，荚长 10 厘米，成熟荚黑色，圆筒形，单荚粒数 10～12 粒，结荚集中，成熟一致不炸荚，适于机械收获。籽粒长圆柱形，种子绿色有光泽，百粒重 6.8 克。蛋白质 20.92%，淀粉 45.46%。较抗病毒病、叶斑病，抗旱、抗倒，即使种植在贫瘠的土地，也能有一定的产量。

山西省范围内均可种植。

（九）冀绿 9239

由河北省农林科学院粮油作物科学研究所育成。中早熟品种，夏播生育期 70 天，春播生育期 90 天。株形紧凑，直立，幼茎紫红色，成熟茎绿色，夏播株高 65 厘米，春播株高 55 厘米，主茎分枝 2～3 个。叶卵圆形，浓绿色，花黄色。单株结荚 20 个左右，荚长 9 厘米，成熟荚黑色，镰刀形，单荚粒数 9～10 粒，结荚集中，成熟一致不炸荚，适于机械收获。籽粒圆柱形，种子绿色有光泽，百粒重 6 克。蛋白质 23.92%，淀粉 49.70%。较抗病毒病、叶斑病、白粉病。

山西省范围内均可种植。

第三节　绿豆栽培技术

一、种植形式

绿豆适应性广，抗逆性强，常被作为填闲和救荒作物来种植，其种植方式多种多样，常见的有以下几种。

（一）单作

1. 单种

绿豆生育期短，耐瘠薄，能肥沃土地，多在无霜期较短及贫瘠的沙地坡地种植，特别是在气候干燥、土壤瘠薄的干旱地区及生育期短、管理粗放或遭受旱涝风沙等自然灾害而延误其他作物播种的地区，种一季绿豆，能获得一定产量，在山地、旱地、轻盐碱地、荒地上种绿豆，比其他作物产量稳定，经济效益高。在平原肥沃的耕地上单种绿豆，一般667米^{2}产150千克，高者可达250千克。单种绿豆省工，投资低，便于倒茬，在一些旱薄地、水肥条件较差的地区发展较快。

2. 轮作

绿豆对前茬要求不严，忌重茬和白菜茬。为使绿豆高产，最好与玉米、谷子、高粱等禾谷类作物轮作。《齐民要术》就记有“凡美田之法，绿豆为上，小豆、胡麻次之”，“凡谷田，绿豆底为上”。绿豆不能连作，绿豆连作会造成根系分泌的酸性物质增加，不利于根系生长，从而影响植株正常生长发育，妨碍种子形成，造成空荚、秕粒或落花落荚，而且病虫害严重，品质差。

因此，种植绿豆要安排好地块，合理轮作，同一块地种植绿豆一般应相隔2~3年为宜，这样不仅有利于绿豆生产，还能提高下茬作物产量。

绿豆的轮作方式有：

一年一作：绿豆—谷子、高粱或玉米；

一年二作：小麦—绿豆；

二年三作：小麦—绿豆—棉花（玉米）；小麦—绿豆—甘薯。

3. 复种

复种多为夏播，主要是利用绿豆生育期短、且能固氮养地的特点，在麦类及其他农作物或蔬菜、瓜果的下茬种一季绿豆，实行一地多熟，提高土地利用率，增加单位面积上的粮食产量和经济效益，并为禾谷类作物提供好的前茬。近年来，由于地膜覆盖技术的推广应用，作物播种、收获都相应提早。即使种植生育期较长的作物，仍可复种绿豆，经济效益和社会效益都很显著。

（二）间作套种

绿豆对光照不敏感，较耐荫蔽，播种适期长，可利用其植株较矮、根瘤固氮增肥的特点，与林果树（如核桃、红枣）或者前期生长较慢的作物间作套种或混种，充分利用单位面积上的光、温、水、土等自然资源，一地两收，这样不仅能多收一季绿豆，还能提高主栽作物产量，达到既增产、增收又养地的目的。

1. 间作

①绿豆—玉米（高粱）：可采用 1∶2、2∶2、4∶2 等多种形式，以玉米为主，增收绿豆。

②绿豆—谷子：俗称“谷骑驴（绿）”即 1 耧谷子、4 行绿豆。

2. 套种

①玉米套绿豆：麦收前畦埂上点种玉米，麦收后播种绿豆。

②绿豆套甘薯：畦埂上栽种甘薯，沟内或埂边种一行绿豆。

③棉花套绿豆：棉花宽窄行或等行距种植，在宽行内或隔行种一行绿豆。

3. 混种

无固定的种植形式，一般常在玉米、高粱、谷子、棉花等作物行间撒种一些绿豆，或作为主栽作物补缺，以提高单位面积的产量。

二、高产栽培技术

（一）精细整地

绿豆是双子叶植物，顶土力较弱，对整地有较高的要求，需深耕细耙、上虚下实、无坷垃、深浅一致、地平土碎。

首先要早秋深耕（耕深 15～25 厘米），打破坚硬犁底层，加深活土层，利于根群和根瘤的活动。其次是结合深耕，增施有机肥，每 667 米^{2}施有机肥 1500～3000 千克，以增补土壤活土层的有机质，促进土壤熟化，改善土壤物理性状，提高土壤蓄水、保水和保肥能力，增强通气性。第三是早春顶凌耙地，播种前浅耕耙耱保墒，做到疏松适度，地面平整，满足绿豆发芽和生长发育的需要。

绿豆多在麦后复播，收麦前要浇“送老水”，前茬收获后要抢时播种，及早整地，浅犁、多耙、疏松土壤，清理根茬，掩埋底肥，减少杂草。保墒、保肥、保全苗，是绿豆增产的关键措施。麦茬复播绿豆，软茬播种比硬茬播种可增产 10%以上，最好采用垄播，以利排水和灌溉。对于缺茬播种的地块也应耙后播种，墒情不足时，播后要轻轻镇压。

硬茬播种绿豆受条件限制，无法进行整地，应加强中耕管理，为绿豆高产创造条件。

（二）适期播种

1. 种子处理

绿豆种子成熟度不一致，尤其是生育后期在低温条件下成熟的种子，成熟度差，不饱满粒多。另外，绿豆有炸荚落粒习性，种子易混杂，为提高品种纯度和种子发芽能力，实现全苗壮苗，要进行种子处理。

(1) 晒种：在播种前选择晴天，晒 1~2 天，可增强种子活力、提高发芽势，晒种时要勤翻动，使之晒匀。

(2) 选种：利用风、水、机械或人工挑选，清除秕粒、小粒和杂粒及杂物，选留干净、粒大、饱满的种子播种。

(3) 接种、拌种或浸种：在瘠薄地每 667 米^{2}用 50~100 克根瘤菌接种或 5 克钼酸铵拌种，可增产 10%~20%；用 1%磷酸二氢钾拌种，也能增产 10%。

2. 播期

绿豆生育期短，播种适期长，在许多地方既可春播亦可夏播。一般在地温达 16~20℃时即可播种。春播自 4 月下旬到 5 月底，夏播在 6 月中旬至 7 月初。根据当地的气候条件和耕作制度，及时播种。一般应掌握春播适时，夏播抢早的原则。

3. 播种

绿豆的播种方法有条播、穴播和撒播，以条播为多。

播量要根据品种特性、气候条件和土壤肥力，因地制宜确定。一般下种量要保证在留苗数的 2 倍以上。播量过大，幼苗拥挤，形成弱苗；播量过小，会造成缺苗断垄。如土质好、墒足、虫少、整地质量好，小粒型品种播量要少一些，否则可适当增加播量。鉴于绿豆子叶拱土能力较弱和植株有“稠不抗、稀不长”的群体生育习性，在黏重土壤要适当加大播量。适宜的播种量，条播为每 667 米^{2}播种 1.5~2.0 千克，撒播为每 667 米^{2}播种 3 千克，间作套种的用种量根据种植情况而定。

播深对出苗率影响很大，要根据土壤状况、水分和种子大小及播期等因素而定。在黏土和湿墒地，播深要浅，以 3~4 厘米为宜；土壤疏松墒情不好的地块，以 4~5 厘米为宜。6~7 月份雨水多、气温高，应浅些；春天土壤水分蒸发快，气温较低，可稍深些。

（三）合理密植

绿豆种植密度随品种、地力和栽培方式不同而异，一般掌握早熟品种密，晚熟品种稀；直立类型密，半蔓生类型稀，蔓生类型更稀；肥地稀、瘦地密；早种稀，晚种密的原则。

绿豆的产量是由单位面积总荚数、单荚粒数和粒重三部分决定，其中以总荚数占主导地位。而适当增加株数，是增加单位面积总荚数的基础，只有合理密植，才能协调好群体生长和个体发育之间的对立统一关系。适宜的种植密度是由品种特征特性、土壤肥力和耕作制度决定的。

一般密度，行距 40 ~ 50 厘米，株距 10 ~ 20 厘米。具体到各生态型则差异很大。直立类型品种，适宜密植，每 667 米 ^{2} 留苗在 8000 ~ 12000 株；半蔓生类型品种，应适当稀些，每 667 米 ^{2} 留苗 7000 ~ 11000 株；蔓生类型品种，适宜稀植，每 667 米 ^{2} 留苗 6000 ~ 10000 株。

种植密度还要因土壤条件而变化。中等地留苗每 667 米 ^{2} 以 10000 株为宜；瘠薄地块，以每 667 米 ^{2}12000 株左右为宜；肥沃地块，以 667 米 ^{2} 留苗 8000 株左右为宜。

对于间作套种田，应根据主栽作物的种类、品种、种植形式及绿豆的实际播种面积进行相应的调整。

（四）田间管理

为保证绿豆在苗期生长整齐、均匀一致，根系发达，有效根瘤多，花荚期多现蕾多开花多结荚，荚大粒多，高产优质，播种后应做好以下几点。

1. 镇压

有的地块播种墒情较差，坷垃较多，土壤沙性较大，要及时镇压，随种随压，碾碎坷垃，减少土壤空隙，使种子与土壤密切接触，增加表层水分，促进种子发芽和发育，早出苗，出全苗。

2. 间苗、定苗

早间苗、早定苗，在第 1 片复叶展开前间苗，间苗时把弱苗、病苗、小苗、杂草拔除。第 2 片复叶展开后定苗，按规定密度均匀留苗。同时还要做到查苗、补苗，如发现缺苗断垄现象，应在 7 天内补种或移栽完毕，务必做到苗全苗壮。

3. 中耕除草

中耕能提高地温、增加土壤透气性、促进植株生长和根瘤菌的活动，有利于绿豆生长发育。中耕除草要及时，当第 1 片复叶展开时结合间苗进行第 1 次浅中耕，定苗后进行第 2 次中耕，分枝期进行第 3 次深中耕，并进行封根培土。中耕应掌握根间浅、行间深的原则，以防切根、伤根，保证根系良好发育。绿豆开花后枝叶茂盛，可以封垄覆盖杂草，无须再中耕除草。有条件的地方可采用除草剂，使用除草剂金杜尔，播种后 2~3 天喷施封闭，667 米 ^{2} 用 80 克，对水 30 ~ 50 千克，均匀喷施；苗期，667 米 ^{2} 用 80 ~ 120 克，对水 30 ~ 50 千克，均匀喷洒。

4. 适时浇水

绿豆比较耐旱，但对水分反应较敏感，在不同的水分条件下，其产量相差很大。绿豆苗期抗旱性较强，需水量较少；三叶期以后需水量逐渐增加；花蕾期是需水临界期；花荚期是需水高峰。当土壤最大持水量为 30% 时，开花期浇水可增产 32%，若推迟到结荚期浇水仅增产 18%，如开花和结荚两期都浇水比不浇水增产 62%。当土壤持水量在 20%时，开花期浇水可增产 59%，推迟到结荚期浇水仅增产 36%，若两期都浇水比不浇水增产 106%。因此，绿豆在生长期间如遇干旱，应适当浇水。在有条件的地区可在开花前浇一次水，以增加单株荚数及单荚粒数；在结荚期再浇水一次，以增加粒重并延长开花时间。在水源紧张时，应集中在盛花期浇水一次；在没有灌溉条件的地区，可适当调节播种期，使绿豆花荚期与雨季同期。

5. 排水防涝

绿豆怕涝怕淹，如苗期水分过多，会引起烂根死苗，造成缺苗断垄，或发生徒长，导致后期倒伏；若后期遇涝，根系及植株生长不良，出现早衰，花荚脱落，产量下降。另外，土壤过湿，根瘤菌活动差，固氮能力减弱。对根瘤菌最适宜的土壤水分是最大田间持水量的 50% ~ 60%。因此，绿豆的排水除渍非常重要。夏播绿豆可在三叶期或封垄前用犁在绿豆行间冲沟培土，使明水能排、暗水能泻，不仅防旱防涝，还能减轻根腐病的发生。

6. 增花保荚防脱落

绿豆花荚脱落率可达 56% ~ 87%，其中落花最多占 50% ~ 70%。花荚脱落与品种类型有关，也与外界条件有关。采用适宜的增花保荚措施具有一定的增产效果，常用的方法有：①选用光合效率高，早熟、耐肥、抗倒伏的品种；②以施有机肥为主，增施磷肥，瘠薄地追施氮肥；③合理密植，充分利用光能和地力，协调好个体和群体的关系，创造良好的群体结构；④实行间作套种，改善通风透光条件；⑤精细整地，适时播种和间苗，及时中耕除草；⑥遇旱灌水，遇涝排渍；⑦以防为主，防病灭虫；⑧喷施增产灵、三碘苯甲酸农家乐、增产菌、叶面宝等植物生长调节剂；⑨必要时摘心，遏制顶端优势。

（五）适时收获

绿豆有分期开花、结实、成熟和第一批荚采摘后继续开花、结荚的特性，开花结实由下而上顺序进行，荚果自下而上渐次成熟，农家品种成熟后又有豆荚从背缝线裂开引起“炸荚落粒”的现象，因此，应适时收获。收摘过早，种子成熟度差，降低产量和品质；过迟收摘先成熟的豆荚遇雨涝天气会在荚上发芽或使籽粒霉变，或遭鼠、鸟为害影响产量和商品质量及下一批花荚形成。只有适时收获，才会颗粒饱满色艳、不炸荚、无霉变、丰产丰收。

一般当绿豆植株上有60%～70%的荚成熟后，开始采摘，以后每隔6～8天收摘一次效果最好。一般采摘2～3次即可。若面积太大，则应在大田2/3荚成熟时一次收割。对于蔓生或半蔓生品种，分期收摘极不方便，应在80%以上豆荚成熟后一次收割。若绿豆收获季节气温较高，采摘工作应在半上午或傍晚时进行，以防豆荚炸裂。摘荚时要尽量避免损伤绿豆的茎叶、分枝、幼蕾和花荚，收割时要轻割轻捆。收获的绿豆应及时运到场院晾晒、脱粒、清选入库。

三、绿豆地膜覆盖栽培技术

山西北部属干旱地区，自然条件差，风沙大，雨量少，春季气温低，昼夜温差大，严重制约了农业发展和作物的生长。近年来，由山西省农业科学院作物科学研究所研究而成的“高寒地区旱地绿豆地膜覆盖栽培技术”，在“十年九旱”的情况下是一项绿豆增产的高效种植模式，此种植模式投资小、见效快、产量高、操作简单易行易掌握。该技术的大面积推广，将会对绿豆种植业产生积极的推动作用，也将产生良好的经济效益和社会效益。

（一）绿豆地膜覆盖栽培的效果

1. 增温保湿

绿豆地膜覆盖栽培的最大效应是提高土壤温度，春季低温期间采用地膜覆盖，白天受阳光照射后，0～10厘米深的土层内可提高温度1～6℃，最高可达8℃以上。在较干旱的情况下，0～25厘米深的土层中土壤含水量一般比露地高50%以上。随着土层的加深，水分差异逐渐减小。由于薄膜的气密性强，地膜覆盖后能显著地减少土壤水分蒸发，使土壤湿度稳定，并能长期保持湿润，有利于种子快速萌发，促进幼苗根系生长。

2. 增肥改土

由于地膜覆盖有增温保湿的作用，因此有利于土壤微生物的增殖，加速腐殖质转化成无机盐，有利于作物吸收。据测定，覆盖地膜后速效性氮可增加30%～50%，钾增加10%～20%，磷增加20%～30%。地膜覆盖后可减少养分的淋溶、流失、挥发，可提高养分的利用率。此外，地膜覆盖可以避免因灌溉或雨水冲刷而造成的土壤板结现象，可以减少中耕的劳力，并能使土壤疏松，通透性好，能增加土壤的总孔隙度1%～10%，可增加土壤的稳性团粒1.5%，使土壤中的肥、水、气、热条件得到协调。

3. 增强抗病性

地膜与地表之间在晴天高温时，经常出现50℃左右的高温，致使草芽及杂草枯死。在盖膜前后配合使用除草剂，可防止杂草丛生，减去除草所占用的劳力。覆盖地膜后植株生长健壮，可增强抗病性，减少发病率。覆盖银灰色反光膜更有避蚜作用，可减少病毒病的传播危害。

（二）地膜覆盖技术

1. 选地与整地（参照“高产栽培技术”）

2. 播前准备（参照“高产栽培技术”）

3. 覆膜播种

（1）机具类型：采用玉米覆膜机经适当调整排种器、行距，进行覆膜播种，施肥、覆膜、播种一次性完成，机械化程度高，省时省工。

（2）地膜选择：采用宽度65～70厘米地膜，膜要铺平、铺正、拉紧、压严、压实，紧贴地面，做到不跑温，不漏气，风扯不起，草顶不动，但土不可压的太宽，采光面宽不得少于40厘米。

(3) 播种时间：5月中旬播种较好，覆膜播种一次完成。最迟到6月10日前。

(4) 合理密植：一般掌握早熟种密，晚熟种稀。膜上行距40厘米，膜侧行距60厘米，穴距20～25厘米，667米^{2}穴数4500左右，播深3～4厘米，每穴3～5粒，留双苗。

4. 机具操作要点

(1) 作业前准备：将整机与小四轮拖拉机三点悬挂连接，检查调整各部位润滑、紧固、转动等状态正常。

(2) 添加种子：检查种子箱内无异物后，添加种子。更换新的品种时，可将排种器插板拉开，倒出剩余种子后，重新添加。

(3) 添加肥料：将清除杂物后无板结的颗粒肥料加入肥料箱。

(4) 安装地膜：将膜卷装在膜杆上、膜卷架上，调整好松紧度。

(5) 覆土量调整：改变覆土圆盘的深度和角度，可以调整覆土量。

(6) 播种行距：调整开沟铲的水平位置可得到合适的播种行距。

(7) 开始作业：将机组对准作业位置，将地膜从膜辊上拉下，把膜头用土压实，起步作业。

(8) 注意事项：起步、起落应缓慢，前进速度应均匀，作业中不得拐弯，不得倒退，随时检查各部位工作状态，发现异常及时处理。

5. 施肥

一般每667米^{2}施优质有机肥1500～3000千克，二铵5～10千克，或者过磷酸钙50千克，搭配尿素2～3千克或碳铵30千克。作为底肥播前耕翻时，一次性施入犁沟内，并每667米^{2}施毒谷1.0～1.5千克，防治地下害虫。

6. 田间管理

(1) 查苗放苗：苗齐后及时进行查苗，个别苗需要辅助放苗，发现缺苗及早进行催芽补种或在空穴相邻处多留苗，及时中耕，补压地膜漏气处。

(2) 间苗定苗：在幼苗2～3叶时进行间苗、定苗，间定苗时要去除小苗、弱苗、杂苗、病苗，留壮苗，一般穴留苗2株，每667米^{2}留苗10000～12000株，做到苗全苗壮。

7. 适时收获

绿豆荚果成熟不一致，且豆荚容易炸裂、落粒。所以，为防止炸荚落粒，应该在80%以上的豆荚成熟时，趁早晨潮湿，及时收获。小面积栽培时，可采用分期分批摘荚的方式收获。收获后的绿豆应及时晒干、脱粒，以防止豆象为害。

绿豆大面积规模化生产时，可根据地力、密度、品种和天气等条件，合理选择联合收割机或者捡拾机等进行机械化收获和脱粒。收获后的籽粒要充分晒干，熏蒸后入库保存。

第四节　绿豆主要病虫害防治

一、病害及防治

（一）绿豆立枯病

绿豆在苗期受到多种真菌的侵染，造成根腐或猝倒，为绿豆苗期病害，全国各地均有发生。病害在绿豆出苗后10~20天发生较重，可一直延续到花荚期。发病初期，幼苗茎下部一侧产生红褐色到暗褐色病斑，严重时病斑逐渐扩展并环绕全茎，导致茎基部变褐、凹陷、折倒、枯萎。

防治方法

农业防治：选用抗病品种，如晋绿1号；实行轮作，可与禾谷类作物倒茬轮作，一般3~4年轮作一次为好；加强田间管理，增施经腐熟的粪肥，及时防治地下害虫，拔除病株。

化学防治：播种前进行种子清选，剔除变色、霉烂及带菌种子，并用种子量0.3%的50%多菌灵可湿性粉剂，或50%福美双可湿性粉剂拌种。

（二）绿豆枯萎病

绿豆枯萎病又称萎蔫病，是由真菌侵染引起的病害。在整个生育期间均可发病。一般是零星发生，但危害性很大，常造成植株萎蔫死亡。发病初期，植株发育不良，较健株矮小，地上部萎蔫。重病植株叶片从下而上逐渐变黄，由黄变枯最后干枯脱落，后期病株在茎基部出现暗褐色乃至黑褐色的坏死斑，并有粉红色霉状物，在气候潮湿的条件下，病变部可产生白色棉絮状菌丝体，病株茎部变褐，重者常死亡。

防治方法

农业防治：选用抗病品种；绿豆最好与禾本科作物进行3年以上的轮作，以减轻病害发生；加强田间管理，及时拔除零星病株，并将其烧毁，以防止病情蔓延；排除田间积水，及时中耕松土，降低土壤湿度。

化学防治：发病初期，可用7%百菌清600倍液喷射植株茎基部，每隔7~10天喷一次，连喷2~3次。

（三）绿豆病毒病

又称花叶病、皱缩病等，是由病毒引起的病害，发生非常普遍。绿豆从苗期至成株期均可被害，以苗期发病较多。幼苗受花叶病毒侵染后，叶片外形基本正常，叶色呈现浓绿、淡绿相间的斑驳花叶，接着出现皱缩症状，严重时不能结实。后期侵染后，叶片虽出现轻微退绿和皱缩现象，但对产量影响不大。

防治方法

农业防治：选用无病种子，从健康的绿豆植株上采收种子；选用耐病品种，中绿1号、中绿5号、晋绿豆1号较耐病毒病；及时防治蚜虫，杜绝病毒在田间传播。

化学防治：发病初期喷施20%盐酸吗啉胍·乙酸铜可湿性粉剂或6%菌毒清。

（四）绿豆叶斑病

由真菌侵染所致，是我国绿豆的主要病害之一，各绿豆产区均有发生。叶斑病在绿豆开花前4~5片复叶时就可发生，并在田间多次反复侵染，中后期高温潮湿条件下发病严重。发病初期，在叶片上出现小水渍斑，以后扩大成圆形或不规则黄褐色至暗红褐色枯斑，到后期几个病斑彼此连接形成大的坏死斑，受害叶片的叶绿素被破坏，早衰枯死。一般减产20%~50%，严重时可达95%以上。

防治方法

农业防治：种植抗病品种，选用健康植株上的种子；实行轮作倒茬或间作套种；加强田间管理，实行合理密植，及时排除田间积水。

化学防治：在绿豆现蕾期开始喷洒50%的多菌灵或80%可湿性代森锌400倍液。以后每隔7～10天喷药一次，连续喷洒2～3次，能有效控制病害流行，可提高产量50%～70%。

（五）绿豆白粉病

绿豆生长后期常发生的真菌性病害，主要表现在叶片。发病初期叶背出现褐斑点，后扩大，叶面出现白色粉状斑块，整个叶片渐渐枯黄脱落。

防治方法

农业防治：种植抗病品种；深翻土地，秋季将收获后的病株埋入土壤深层，或集中烧毁，减少初侵染来源；加强管理，合理密植，增施磷钾肥，以提高植株抗性。

化学防治：发病初期，用40%福星乳油5000～8000倍液，或25%粉锈宁湿粉2000倍液喷雾。

二、虫害及防治

（一）蛴螬

金龟甲的幼虫，是常发性为害很重的地下害虫，种类很多，在土中生活，啮食绿豆及粮、豆作物的根系，使幼苗枯萎死亡。

发生规律

蛴螬的发生和为害与温度、湿度等环境有关，最宜的温度是10～18℃，温度高或低则停止活动，故春秋两季为害最重，连阴雨天气，土壤湿度大，发生严重。如温度适合，但土壤干燥，则死亡率高，卵的孵化受影响。

防治方法

(1) 拌种：播前用40%乐果乳剂或50%辛硫磷，按药、水、种子量1∶40∶500的比例拌种，并堆闷3～4小时，待种子吸干药液后播种。

(2) 撒药：每667米^{2}用50%辛硫磷乳油3.75千克加水300千克浇灌绿豆近根处；或每667米^{2}用0.25千克50%辛硫磷加细沙土25千克混拌或青土撒施，施后中耕，效果更好；每667米^{2}用干谷子0.5～0.75千克煮至半熟，捞出晾至半干，拌入0.25%美曲膦酯粉0.30～0.45千克，沟施或穴施。也可将上述几种药物加入适量土粪，于播种前撒在播种沟内。

（二）小地老虎

俗称地蚕、大口虫、切根虫。食性很杂，为害豆类，棉花、玉米、蔬菜等多种作物的幼苗。幼龄的幼虫常群集在幼苗的心叶和背上取食，把叶片吃成小刻口或网孔状，3 龄以后的幼虫则将幼苗从近地面的嫩茎咬断，拖入洞中，上部叶片常露在穴外，造成缺苗断垄。

发生规律

小地老虎在山西一年发生 2 代，以 5 月中下旬至 6 月上旬为害最严重。在 3 龄以前群集为害绿豆幼苗的生长点和嫩叶，4 龄以后的幼虫分散为害，白天潜伏于土中或杂草根系附近，夜出为害嫩茎，造成缺苗。成熟幼虫一般潜伏于 6 厘米左右的深土中化蛹，成虫有强大的迁飞能力，常在傍晚活动。对甜、酸、酒味和黑光灯趋性强。土壤温度与地老虎发生关系密切，幼虫喜温，喜欢在较湿润的土壤里生活，如果土壤含水量在 5%以下时，幼虫不能生存。低洼地、地下水位高的地块以及耕作粗放杂草多的地块为害较重。

防治方法

农业防治：翻耕土地，冬闲地块，收获后及时翻耕，使土壤疏松，保持干燥，不利于幼虫在土壤里越冬；清除田间地边的杂草，集中高温堆肥或烧毁，可消灭部分幼虫或卵；诱杀成虫，用糖醋液诱杀，或用黑光灯诱杀；人工捕捉，3 龄以后幼虫可在早晨拨开被咬断幼苗附近的表土，顺行捕捉幼虫，连续几天即可收到效果。

化学防治：用炒香的麦麸 5 千克拌入 90%美曲膦酯晶体 150 克，用适量水配成药液，于傍晚时撒在幼苗的嫩茎处；或用 50%辛硫磷乳剂 1500 倍液灌根。

（三）蚜虫

又名豆蚜、花生蚜，在全国各地均有发生，主要为害绿豆、豇豆、大豆等豆类作物。蚜虫为害绿豆时，常群聚在绿豆的嫩茎、幼芽、顶端心叶、花器等处吸食汁液，受害绿豆叶片卷缩，植株矮小，影响开花结实，一般可减产 30%。

发生规律

一年发生20多代，主要以无翅胎生雌蚜和若虫在背风向阳的地堰、沟边路旁的杂草上越冬，少量以卵越冬。蚜虫繁殖的快慢与温度密切相关，一般花期重，中后期较轻。温度高于25℃，相对湿度60%～80%时严重；连阴雨天，相对湿度在85%以上的高温天气，不利于蚜虫生殖，暴雨可冲刷一些蚜虫。

防治方法

农业防治：可采用高温闷棚法，在5~6月份用塑料膜将棚室密闭4～5天，消灭虫源。

化学防治：采用10%蚍虫林可湿性粉剂2500倍液或50%避蚜雾可湿性粉剂2000倍液或绿浪1500倍液，在无风的早晨或傍晚进行。

（四）豆荚螟

又名蛀荚虫，是一种寡食性害虫，只为害绿豆、大豆、豌豆等豆科作物，以幼虫咬食。初荚期为害，豆荚干秕，不结籽粒；鼓粒期为害，豆粒被食或破碎，产量和品质下降，并且失去发芽能力。

发生规律

成虫是一种褐色的蛾子，体长10～13毫米，成熟幼虫体长13～18毫米，紫红色。华北地区一年发生2～3代，以老熟幼虫在土中结茧越冬，第二年春天羽化出土，一般4月下旬至5月上旬为第1代盛卵期；第2代为害春绿豆、大豆等；第3代为害夏绿豆，直至老熟幼虫入土越冬。

防治方法

农业防治：实行轮作，与禾本科作物轮作1～2年，可减轻虫害；翻耕土地，收获后及时翻耕，豆田冬灌，可杀死大量越冬幼虫。

化学防治：在成虫盛发期或卵孵化盛期之前，或者植株现蕾前及时喷施，每隔7～10天一次，连喷2～3次。

（五）绿豆象

又名豆牛、豆猴、铁嘴，在储粮仓和田间均能繁殖为害，是绿豆储藏期的主要害虫。常将籽粒蛀食一空，失去发芽能力，甚至不能食用。

发生规律

一年可发生4～6代，幼虫在豆粒内越冬，次年春天羽化为成虫。成虫善飞，有假死性、群居性，在贮粮仓内产卵于豆粒上，经15~20天变为成虫。绿豆象完成一世代需24~45天，在25~30℃、相对湿度80%左右，发育最快。

防治方法

农业防治：选育抗绿豆象品种，晋绿豆7号高抗绿豆象；绿豆收获后，抓紧时间高温晾晒，使种子含水量在14%以下，并且可使各种虫态的绿豆象在高温下致死。晾晒好的绿豆贮藏时表面覆盖一层15~20厘米的草木灰或细沙土，可防止绿豆象成虫产卵。

化学防治：绿豆量较少时，将磷化铝装入小袋内，放入绿豆中，密封在一个桶内保存；若存储量较大，可按贮存空间每立方米1~2片磷化铝的比例，在密封的仓库或熏蒸室内熏蒸，不仅能杀死成虫，还可杀死幼虫和卵，且不影响种子发芽。

第五节　绿豆的综合利用

绿豆具有广泛的用途，被誉为粮食中的绿色珍珠，既是调节饮食的佳品，又是食品工业和酿酒工业的重要原料之一，也是重要的药材。

一、营养价值

绿豆籽粒含蛋白质22%~26%，是小麦面粉的2.3倍，小米的2.7倍，玉米面的3倍，大米的3.2倍。绿豆的蛋白质是全价蛋白质，其中人体所必需而自身不能产生的8种氨基酸含量在0.24%~2.00%，是禾谷类作物（如玉米、小麦、水稻等）的2~5倍。绿豆籽粒中淀粉的含量为50%左右，仅次于禾谷类，其中，直链淀粉29%，支链淀粉71%，绿豆中纤维素含量较高，一般3%~4%，而禾谷类中只有1%~2%。绿豆中脂肪含量较低，一般在1%以下，主要是软脂酸，亚油酸和亚麻酸。另外，绿豆还含有丰富的维生素、矿物质等营养素。其中，维生素B_2含量是禾谷类作物的2~3倍；钙含量是禾谷类作物的4倍，鸡肉的7倍；铁含量是禾谷类作物的2倍；磷含量是禾谷类作物及猪肉、鸡肉、鱼、鸡蛋的2倍。

绿豆含钾、钠和镁丰富，均高于主粮，其中，钾含量最高，是小麦、大米、玉米的 2~6 倍；镁含量是绝大部分主粮的 2~5 倍；钠含量略高于小麦面粉。

绿豆芽中含有丰富的蛋白质、综合性矿物质、维生素及一些具有特殊营养和保护作用的物质，绿豆芽中还含有绿豆种子中没有的维生素 C。每百克干物质蛋白质含量 27~35 克，绿豆萌发为绿豆芽后，蛋白质、氨基酸及钾、磷、铜等含量都有所增加。

二、药用价值

绿豆有较高的药用价值，具有消炎杀菌等药理作用，以食代药，既可减轻病人痛苦，又能改善生活，有助于人民健康水平的提高。

绿豆属凉性，磨碎口服具有清热解毒、消暑利尿、抗炎消肿的功效；绿豆皮有解热消毒、保肝明目、止泻痢的功效；绿豆芽性味甘凉，有清热疗疮、降低胆固醇、防止动脉粥样硬化等功效。现代医学认为，常吃绿豆芽能有效防止直肠癌和其他一些癌症的发生。另外，豆荚治赤痢，豆花解酒毒，豆汁治霍乱，绿豆根清热解毒。绿豆粉外用可治疗创伤、烫伤、痈肿、疮毒等症。

绿豆的医疗保健主要体现在：

1. 防治各种中毒

口服绿豆水、绿豆汤等可以防治或减轻食物、药物、农药的中毒。

2. 防治高温中暑

炎夏季节，经常饮用绿豆汤，可防治由于气温过高或长时间受烈日曝晒而引起的中暑。

3. 防治心脑血管病

(1) 用绿豆和海带各 100 克洗净煮烂，每日一次，连续服用，不仅能降血压，还可降血脂。

(2) 绿豆适量洗净与粳米同入砂锅内，加水 1000 毫升，煮至豆烂米开汤稠，每日 2~3 顿服用，夏季可当冷饮，可降血脂、防止动脉粥样硬化。

(3) 常吃绿豆芽也有利于降血脂，并可改善冠心病症状。

三、传统绿豆加工产品

绿豆可制作绿豆糕、粉丝、粉皮以及绿豆淀粉、绿豆沙制品。另外，绿豆芽也是营养丰富、美味可口的蔬菜，已实现工厂化生产，常年供应。

（一）绿豆芽

绿豆芽清洁卫生，营养丰富，不仅畅销国内市场，在亚洲及欧美也十分受欢迎。

自制绿豆芽：将绿豆用水冲洗干净，剔除破损，先用温水浸泡 6～8 小时，待豆皮稍微开裂后，放入底部有出水孔的缸或者类似的容器内，上面盖上毛巾或纱布，放在避光，通风处，每天淋水 3～4 次，间隔时间 6～8 小时，水要从盖着的毛巾上淋下去，缸内的温度应保持在 23℃左右。一般豆芽长到 30 毫米左右即可食用，豆芽不能过长，否则口感变差，营养成分也会大大降低。

（二）绿豆淀粉

1. 烫浸

将经过挑选的绿豆先用开水烫一下，再放入 35～45℃的温水中浸泡 6～10 小时，直到用手捏挤时豆皮能剥离，豆肉易粉碎时为止。

2. 磨浆

在浸泡好的豆子中加 10～20 倍水进行磨浆。加水时要均匀，使粉碎的颗粒大小一致。

3. 过滤

用 80 毫米以上的筛子过滤，使淀粉乳与豆皮、豆渣分离，一般过滤 3 次，以全部回收其中的淀粉。

4. 分离

淀粉乳是淀粉、蛋白质与水的混合物，在每 100 千克淀粉乳中加入 8～10 千克酸浆，搅拌均匀后，静置沉淀 9～10 分钟，淀粉便沉积于容器底部，将上层含蛋白质的水放出再加入清水进行沉淀，如此循环进行，即得淀粉。

5. 干燥

将容器上部的水放走后，取出淀粉糊用滤布滤去水分，晒（烘）干即可。

（三）绿豆粉皮

粉皮是利用绿豆淀粉加工而成的片状半透明食品，是夏季极好的菜肴原料。

1. 调糊

将淀粉按 1：4 的比例加水调成淀粉乳，并按 1：0.02 的比例加入明矾，将热水锅加热使其沸腾，凉水桶内放满凉水。

2. 成型

将旋子放在开水锅水面上，用粉勺取调好的淀粉乳少量，倒入旋子内，并用手拨动旋转，使粉糊受到离心力的作用由中心向四周均匀摊开。转动越快粉皮厚薄越均匀，热水的温度由旋子传到淀粉乳，淀粉乳受热后糊化凝结成粉皮，连盘取出，置于清水中，冷却片刻后将成型的粉皮脱出，放在清水中冷却。

3. 摊晾

将粉皮从旋子内揭下来，然后摊在干净的箅子上晾晒，待水分降至16%～17%时，就可以收藏和包装运输。

（四）绿豆粉丝

1. 冲芡

绿豆磨粉，取 3.5 千克，加温水（55℃）8 千克，搅匀调和，再迅速冲入沸水 6 千克，搅拌至起泡为度，即成芡粉。好的芡粉应均匀透明，不结块，无粉粒，此时取 200 克明矾用水溶解，连同冲成的芡粉同时掺入 100 千克湿粉内并搅拌均匀，调和至无粉块为止。

2. 捏粉

将上述制成的粉团，分别放于几个小钵内，用力揉和至拉起的粉条落到粉面上可立即消平为止。捏粉的小钵，外面要套以盛开水的大钵，以利保温保湿，避免粉团发硬而影响漏粉。

3. 漏粉

捏粉后要立即漏粉。先将漏粉瓢挂在锅的上方，锅内水温保持在将开未开（97～98℃）为宜。若要粉丝细，瓢离锅内水要高些；相反，若要粉丝粗，则距离可低些。漏瓢挂好后，可把粉团陆续放入瓢内，粉团通过瓢眼，即可拉成粉丝条，落入水中后凝固成粉丝浮于水面。这时应立即捞起放入温水（35～40℃）桶中进行“涨水”。捞起晒干后，即可备用或出售。质量好的粉丝，要求粗细均匀，不白心，不黏结，长度为60厘米左右。

（五）绿豆糕

绿豆糕是我国传统的糕点和消暑食品。原料：绿豆粉12.5千克、白糖13千克、香油3千克、桂花1千克、豆沙馅料27.5千克、柠檬黄色素5克。

1. 制粉

绿豆经挑选、清洗后下锅蒸煮，至皮破开花后晾干，上粗磨除去豆皮，再上细磨磨粉，筛去粗粉后即制得绿豆糕粉。

2. 调粉

先在调粉机内加入白糖及相当于绿豆粉量10%的水和少量柠檬黄色素，再加入绿豆粉和香油搅拌均匀，过16毫米的筛，使料粉充分松散。

3. 成模

将料粉撒满木模，如带豆沙馅须预先将馅揪成小块剂子，放在木模中心处，上下四周用料粉填平，翻转木模，用木棒轻敲底面，扣在垫有纸垫的蒸板上，也可先将料粉撒在木模内，再用手指轻压印模，去掉1/3左右的料粉，然后放入预先制成的馅剂子，用手压实后再撒满料粉、刮平。

4. 蒸煮

将扣在蒸板上的绿豆糕生胚，放入高压蒸气柜或大蒸笼内蒸熟，蒸的时间要掌握好，如蒸煮时间过长会发生糊化，若蒸汽过大、时间过短，会使成品底部变硬。

把蒸好的绿豆糕从蒸板上取下，除去垫纸，待完全冷却后，即可包装。

四、绿豆饮料的开发

绿豆饮料是指以绿豆为主要原料加工而成的无或只有很轻豆腥味的饮料，是人们喜爱的饮料之一，其营养特点是：蛋白质和糖的含量较高，矿物质和维生素也较多，还具有高钾镁、低钠的特点，属于碱性食品，可以缓冲肉类、鱼类、蛋类、家禽和谷物等酸性食品的不良作用。绿豆饮料中的脂肪含量虽低于动物乳，但不饱和脂肪酸含量远高于动物乳，且含有大量人体必需的脂肪酸—亚油酸和亚麻酸，不含胆固醇。长期饮用绿豆饮料，对血管壁上沉积的胆固醇有溶解作用，具有一定的医疗保健作用。

（一）绿豆酸奶饮料

将绿豆与鲜乳按一定比例配合，二者调配后蛋白质生物价高于单独食用时的生物价，提高了蛋白质的净利用率，具有较高的营养价值。添加有机酸，pH 值降低，再加以杀菌包装，可以大大延长绿豆饮料的贮藏期，并且保证了绿豆原有的色泽，不发生变色反应。

（二）绿豆果（蔬）汁饮料

绿豆汁中含有丰富的营养成分，具有较高的营养价值，果（蔬）汁中含有丰富的维生素和矿物质，将二者充分混合起来，具有更高的营养价值和优良的风味。

（三）黑芝麻绿豆乳

绿豆和黑芝麻都含有丰富的营养，合二为一提高了饮料的保健价值，且因绿豆性味甘凉，而芝麻性味甘平，在绿豆乳中加入适量的黑芝麻可以平和绿豆的性味，并可为饮料增香，改善口感。

（四）绿豆海带茶饮料

以绿豆为原料，加入海带、绿茶及稳定剂制取的天然绿豆海带茶饮料清爽适口、食用方便，既解渴又充饥，是一种营养丰富、价格经济的方便食品。

五、传统风味食品

（一）绿豆凉粉

原料配方：绿豆凉粉 500 克，香醋 100 克，榨菜末 250 克，肉丝 250 克，辣椒油 250 克，酱油 200 克，蒜泥 15 克，味精 25 克，精盐 25 克，芝麻油 100 克，黄瓜 100 克。

制作方法：将凉粉用特制的金属刨子刨成粉丝，放入盘中，将锅置于火上，倒入少量食油，将肉丝翻炒一下，放入盘中，浇上辣椒油、香醋、酱油，撒上榨菜末、蒜泥、味精、精盐、芝麻油，最后将黄瓜擦成细丝，撒在上面即可食用。

绿豆凉粉清爽可口，食用方便，是人们餐桌上的一道美食。

（二）绿豆煎饼

原料配方：绿豆500克，辣椒6克，精盐，蒜瓣，芝麻酱，豆油。

制作方法：（1）将绿豆洗净晒干，用石磨粗磨一次，加入清水浸泡4小时左右，捞出搓掉豆皮，加清水500克，磨成豆糊。把蒜捣成泥，放碗中，加入精盐、辣椒酱、芝麻油拌匀成调料。（2）将铁鏊子置于火上烧热，刷上一层豆油，舀大半勺豆糊，倒在鏊子中间，右手持竹片刮，蘸点清水将豆糊抹成圆饼状，待凝固时用锅铲将饼翻过来炕另一面，见两面都呈浅黄色时取下，放上调料包成卷，即可食用。

煎饼皮薄透亮、干香，咸辣味美。

（三）绿豆丸子

原料配方：绿豆粉、淀粉、粉丝、黄花菜、葱、姜、味精、大料、料酒、盐等各适量。

制作方法：将干豆用小石磨磨一遍，使豆粒破成2~3瓣。然后将豆瓣浸泡在温水中，隔2~3小时换一次水，浸1~2天后，豆皮可自行脱落，把豆瓣泡软、泡透，用小石磨磨成稠糊。不宜过稀，过稀时添加淀粉，但不能太多，否则会影响丸子的风味。在调糊过程中加入适量的粉丝、黄花菜、葱姜末、味精、大料水、料酒和盐等配料，搅拌均匀。将配制好的原料挤成直径2厘米大小的丸子，逐个下油锅炸到金黄色。炸丸子时火不宜太大，油温保持在七成热即可。

丸子滚圆如球，外焦里嫩，油而不腻，可趁热吃也可做汤或与其他蔬菜一起炖食。

（四）三鲜银芽

原料配方：绿豆芽150克，熟瘦猪肉、熟鸡肉各75克，熟火腿丝150克，麻油、精盐、白糖、味精适量。

制作方法：将绿豆芽洗净，用旺火快速煸炒几下即盛起，加入肉丝、鸡丝、火腿丝，调味并淋上麻油，拌好食用。

营养丰富，利尿消肿，清热解毒，防止营养性水肿。

（五）肉丝炒豆芽

原料配方：瘦肉150克，绿豆芽750克，榨菜100克，蒜苗100克，海米5克，猪油少许，胡萝卜1根，淀粉、盐、味精、胡椒粉、米醋、甜面酱、蒜、辣椒油各少许。

制作方法：先将瘦肉切丝，用一蛋清及水淀粉抓匀；绿豆芽洗净沥干；榨菜、胡萝卜、姜切丝，蒜苗切寸段，海米用开水发好。然后炒锅放油，烧到五六成熟时，将肉丝滑开，拨在一边，下姜丝略煸炒，放入绿豆芽、蒜苗、胡萝卜、榨菜丝翻炒，待豆芽断生再放味精，滴少许米醋，即可起锅装盘。

营养丰富，肉质鲜嫩，美味可口。

（六）三丝拌豆芽

原料配方：绿豆芽150克，水发海带150克，香干3块，水发绿豆粉丝50克，酱油、芝麻酱、米醋、白糖、味精各适量。

制作方法：海带发透后和香干一起用沸水淋冲，切丝沥干。粉丝切成段，与绿豆芽一起用沸水焯1分钟，沥干。将原料拌匀，加入调料即可。可根据个人口味适当调整配料。

营养丰富，美味可口。

（七）凉拌豆芽菜

原料配方：绿豆芽500克，葱一根，清油30克，食盐5克，味精、醋、酱油各适量。

制作方法：将绿豆芽洗净，用开水焯一下，捞入盘中放上葱丝。炒锅烧热，倒入清油，油热后放花椒粉，浇到豆芽上，拌入食盐、味精、醋、酱油即可。可根据个人口味适当调整配料。

营养丰富，清爽可口。

附录：

绿豆的出口分级标准

我国出口的绿豆主要以地名为商标，根据外商的要求组织货源，从外观上分为明绿豆、毛绿豆和统绿豆 3 种，以大粒、色艳、适合生豆芽的明绿豆最为畅销，按照出口绿豆的质量大致可分为三级。

一级：粒形均匀，色泽一致，杂质和异色粒≤1%，纯质率不低于 97%。

二级：粒形均匀，色泽比较一致，杂质和异色粒≤2%，纯质率不低于 95%。

三级：外观正常，其他条件除合同另有规定外，一般达不到上述标准。

商品绿豆质量指标为：水分≤13.5%，不完善粒总量≤5%，杂质总量≤1%。

一级：蛋白质≥25%，淀粉≥54%；

二级：蛋白质≥23%，淀粉≥52%；

三级：蛋白质≥21%，淀粉≥50%；

低于三级者为等外绿豆。

第二章 小 豆

第一节 概 述

小豆别名赤小豆、红小豆、红豆、五色豆、米豆、饭豆、竹豆，是起源于我国的古老农作物，在我国的栽培历史悠久，有2000多年的历史，品种很多，资源丰富，仅地方农家品种就有3900多份，是我国北方主要的小杂粮之一。小豆生育期短，耐瘠、耐荫，适应性强，在各种类型的土壤上都能种植，甚至在微酸和轻盐碱土壤上也能生长，并有固氮养地能力，是禾谷类作物、棉花、薯类、幼龄果树等间作套种的适宜作物和好的前茬，在农业种植结构调整和优质、高产、高效农业发展中具有重要作用。

小豆是理想的高蛋白、低脂肪、多营养、多功能食品，具有较高的利用价值。在小豆籽粒中含有蛋白质23%左右，其中人体必需的8种氨基酸含量在0.2%～2.0%，淀粉约54%，脂肪1%以下，纤维素5%～7%。其中，蛋白质是禾谷类的2～3倍，氨基酸是禾谷类的2～5倍。另外，小豆还含有丰富的B族维生素和矿物质等，每100克籽粒含维生素B_1 0.26～0.43毫克，维生素B_2 1.8～2.1毫克，钙67～356毫克，磷305～478毫克，铁4.5～11.1毫克。随着人们生活水平的提高以及对健康食品的重视，小豆则以其独特优势占领国内外市场。另外，小豆多种植在生产条件较差的贫困地区，是农民脱贫致富的重要经济作物，具有广阔的发展前景。

小豆是我国名优出口商品之一。据统计，1982—1995年小豆年出口量在2.5万～5.5万吨，最多达到11.9万吨。1996—2001年年出口量为

3.7 万～7.2 万吨，年平均 5.9 万吨。2002 年出口小豆 9.15 万吨，在全国粮食出口量中居第八位，在食用豆类出口量中排第三位。其中，河北、山西一带产的“天津红小豆”售价最高，被外商誉为“红珍珠”，历年出口量均在 2 万吨左右。此外，黑龙江、吉林、辽宁生产的“东北大红袍”“宝清红小豆”以及江苏省生产的“崇明红小豆”也是我国主要的红小豆出口产品。小豆出口地主要有日本、韩国、中国台湾、马来西亚、中国香港、菲律宾等 30 多个国家和地区，其中，日本进口的小豆 95%来自中国。

近年来，全国小豆年均种植面积稳定在 30 万～40 万公顷，年总产量为 50 万～60 万吨；总产量和出口量均居世界第一位。山西省是全国小豆种植面积较大的省份之一，常年种植面积保持在 1 万 ～2 万公顷。2002 年全省种植面积 1.13 万公顷，其中，忻州市、吕梁地区、大同市、临汾市的种植面积占全省种植面积 75.8%。

第二节　小豆特征特性

一、植物学特性

（一）根

小豆为直根系作物。根系由主根、侧根、须根、毛根和根瘤组成。小豆种子发芽时，子叶不出土，下胚轴延长长成胚根，胚根继续生长，形成主根。主根入土深度约 50 厘米，粗约 1 厘米。小豆侧根从主根上生出后，向下斜方向生长，入土深度 30～40 厘米，侧根上生有须根，主根和侧根的顶端生有根毛，是小豆吸收土壤中养分和水分的主要器官。

小豆根系主要分布在 10～20 厘米的耕作层中。根瘤主要集中分布在根系部分，根瘤球形，大的如豆粒，小的如米粒，有黄色、微棕色。当第一对真叶展开时，在子叶下主根周围开始着生根瘤，当长出第 1～2 片复叶时，在主根周围、侧根基部根瘤已相当明显，开花前后为根瘤增长旺盛时期。小豆根系能与根瘤菌共生，固定空气中的氮素，在一般地力条件下，小豆的根瘤每年可从空气中固定约 5.7 千克/667 米^{2}氮素。

（二）茎

小豆茎为一年生草本茎。圆筒形，绿色，少数品种为紫色。茎上披有短绒毛，绒毛色多为黄绿色，也有少数品种茎光滑，无绒毛或少绒毛。

小豆的茎分为直立、蔓生和半蔓生三种类型。其株高（主茎高）因品种、栽培条件而异。

小豆的茎节数一般为15~20节。同一品种在不同气候和栽培条件下，主茎的节数变化较大。

每节生一复叶，在其叶腋部长出分枝或花梗，一般中下部长出的多为分枝，上部长出的多形成花梗。一般品种主茎一级分枝为4~5个，少的2~3个，多的可达8~10个，分枝的多少与品种、播期、密度、肥力水平等因素有关。

（三）叶

小豆的叶分为子叶和真叶。

小豆的子叶不出土，子叶中贮藏着丰富的养分，是小豆幼苗生长的重要营养来源。真叶有两种，初生单叶和次生三出复叶，其中，单叶为卵圆形，单叶展开后10天左右长出复叶；复叶互生，由托叶、叶柄、叶片组成，托叶两片，宽0.3厘米，长1厘米左右，着生在叶柄基部两侧，具有保护腋芽的作用，叶柄长15~25厘米，为不规则多边形，具有支撑叶片、输送养分、调节叶片对光能的利用等作用。叶片通常由3片小叶组成。小叶多为卵圆形、心脏形或柳叶形。三出叶一般顶端的叶片较小，基部两侧的两片叶较大，小叶长7~12厘米，宽6~10厘米，由于品种的不同，叶片的形状、大小、颜色有一定差异。

（四）花

小豆为总状花序，花黄色，花梗从主茎或分枝的叶腋间长出，长4~7厘米，顶端着生10~20朵对生的短柄黄色蝶形花，一般只有2~6朵结实，花由苞叶、花萼、花冠、雄蕊和雌蕊组成。花萼短钟状，基部联合，上部有5个萼齿，黄绿色。蝶形花冠，花瓣5枚，外部最大的一枚为旗瓣，先端有缺刻，中部有突起，翼瓣和龙骨瓣各2枚，翼瓣长于旗瓣之上，分布于龙骨瓣两侧。龙骨瓣包围雌雄蕊并弯曲呈钩状。雄蕊10枚，为（9+1）二体雄蕊。雌蕊花柱上部一侧有茸毛，花柱顶端扁平扩大成盘状柱头，无柄，花粉球形具有网纹，子房无毛，一般为自花授粉，自然杂交授粉率很低，一般不超过1%。

小豆开花受品种、气候、地理条件、栽培技术的影响。早熟种从播种到开花需45～60天，中熟种需61～75天，晚熟种75天以上。小豆开花的适宜温度24～28℃，相对湿度81%～95%，温湿度过高或过低都不利于开花，小豆一般在每日午前开花，天气晴朗开花就早，阴雨天气开花时间推迟。

（五）果实

小豆的荚由胚珠受精后的子房发育而成。荚的形状有圆筒形、镰刀形和弓形，先端稍尖，略弯曲，荚长6～13厘米，宽5～8毫米，未成熟的荚绿色少数带有红紫色，成熟荚有黄白色、浅褐、褐色、黑色等。荚成熟后种粒之间收缩，有缢痕。荚皮较厚，不透明，每荚内有种子4～11粒，小豆炸荚较绿豆轻，但收获过迟也会引起炸荚、落粒。

小豆的种子是受精的胚珠发育而成，由种皮、子叶和胚组成，子叶占种子的绝大部分，供贮藏养分。种子的形状和大小不一，一般长4～5毫米，宽3～4毫米。种子两端呈圆或平截状，有些品种的籽粒一端呈锲状。粒形分短圆柱形、长圆柱形和球形三种。种脐白色，大而明显，线形，脐长为种子长度的一半，种皮有光泽，颜色有红、白、绿、黄、褐、黑、花纹和花斑等。种子大小一般以百粒重表示，百粒重6克以下为小粒，6～12克为中粒，12克以上为大粒。小豆常有不易吸水萌发的硬实粒，硬实粒的多少与品种、环境等因素有关。小豆种子的寿命一般可保持5～6年。

目前，生产上以红小豆和白小豆为主，消费者更青睐的是籽粒鲜红、短圆柱形的红小豆。

二、小豆的生长史

小豆一生可分为：苗期、枝芽期、蕾花期、荚果和成熟期四个时期。

（一）苗期

健全的种子，在温度、水分等环境条件适宜的情况下，播种后7～10天即可发芽。发芽时胚根穿过种孔入土中，两片单生真叶抱着幼芽露出地面，子叶不出土。一般当天两片真叶展开并进行光合作用，由黄变绿。单叶期由子叶供给养分，此时地下根部的生长快于地上茎的生长。地下根长与植株高度之比约为 3∶1。当幼苗第一复叶展开时子叶中的养分已基本用尽，根部开始出现根瘤，幼苗开始靠自身营养生长，以后每隔 3～6 天生出一片复叶。小豆苗期约 30 天，因品种、环境和栽培条件有差异。

（二）枝芽期

小豆植株从第 1 分枝形成到第 1 朵花出现为分枝和花芽分化期，简称枝芽期。当第 1 片复叶长出后，在叶腋间开始分化腋芽，腋芽有两种，即枝芽和花芽，枝芽形成分枝，花芽形成花蕾。在密植、干旱不良条件下，茎基部的腋芽会处于休眠状态。小豆在春播条件下，茎基部的 1～6 复叶腋芽会发育成分枝。茎中部的腋芽常形成花芽，花芽是小豆产量的主要构成部分，分枝多、花多、荚多、单株产量就高；分枝少、结荚节位高、结荚数少，单株产量就低。枝芽期天数各品种不一，一般为 30～40 天。

（三）花荚期

当 50%的小豆植株上出现第 1 朵花时，为开花期。小豆开花与结荚无明显界限，统称花荚期。小豆出苗后 70 天左右开始开花，花最先出现在主茎复叶面积最大的叶腋间，小豆花开后 4 天即可见到小荚。

在春播区，小豆的有效花期为 30～40 天，自 7 月下旬开始到 8 月底为止，9 月份开的花大多成熟不好为无效花，所以小豆下层花成荚率高，是产量的主要来源，小豆的落花、落荚率很高，一般为 50%，田间通风透光差、阴雨连绵天气或高温干旱天气都容易造成落花落荚。

（四）荚果和成熟期

小豆开花后 4 天长出嫩荚，嫩荚长大，开始鼓豆即形成荚果，荚果逐渐达到最大体积与重量，这段时期为灌浆期，也叫鼓粒期，此期是决定小豆产量高低的重要发育阶段。鼓粒期后，种子含水量迅速下降，干物质达到最大干重，荚果变硬并呈现出成熟时的颜色，种子和胚也都呈现出成熟颜色和固有大小。当成熟荚果达到 80%以上时，即可收获。

三、小豆生长对环境条件的要求

（一）光照

小豆是短日照作物，对光照反应较敏感，中、晚熟品种表现得尤为突出。光照对小豆不同生育阶段影响不同，苗期影响最大，开花期次之，结荚期较小。缩短光照可促使小豆提前开花，但植株变矮，茎节缩短，节数减少，产量下降。延长光照则使小豆植株生长繁茂，节数增多，开花推迟，株高变大，生育期延长，产量相对提高。

（二）温度

小豆为喜温作物，对气候适应范围较广，从温带到热带都有栽培。早熟种对温度的敏感性大于中、晚熟种。小豆种子最适宜的发芽温度为14～18℃，田间播种温度应稳定在14℃以上。小豆花芽分化和开花期的最适宜温度为24℃，低于16℃时花芽分化受到影响而使开花结荚减少。小豆对霜害的抵抗力弱，种子成熟期间最怕低温秋霜，遇霜害则荚秕粒小，种子质量降低，甚至会颗粒无收。

（三）水分

小豆是需水较多的作物，农谚有“旱绿豆，涝小豆”之说。小豆对水分的要求，随小豆生育阶段、植株大小、产量高低、土壤结构不同而不同。小豆幼苗期需水较少，开花结荚期需水最多，鼓粒前期需水较多，鼓粒后期需水则较少。若土壤水分不足或干旱天气，就会影响小豆的生长，造成秕荚小粒。小豆的生长发育要求适当的湿润气候，它具有一定的耐湿性。但土壤水分过多，通气不良，会影响根瘤菌的生长发育，生育后期空气湿度过大，会降低小豆品质。成熟期间则要求气候干燥，如阴湿多雨天气会造成荚霉烂。

（四）土壤

小豆可以种植在各种类型的土壤上。在排水良好，保水力强的疏松腐殖壤土上生长最好。小豆具有较强的抗酸能力，在微酸性土壤上生长良好。小豆根瘤菌最适宜的pH值为6.3～7.3。轻度盐碱地上小豆也能生长。

在无霜期较短的地方，以选择疏松的沙壤土为好，利于早熟，在无霜期较长的地方，以选择排水良好、保水力强的壤土为好，利于高产。

（五）养分

小豆生长发育需要大量的氮、磷、钾和其他无机盐类。据测定，每生产 10 千克小豆籽粒，需吸收氮 3.42 千克、磷 0.85 千克、钾 2.28 千克和钙、镁、锌、铁、硫、钼、铜、锰等微量元素。小豆不同生育期，吸收矿质元素的数量是不同的。苗期对氮的吸收较少，从分枝期开始明显增加，开花期增加减缓，结荚至鼓粒阶段 20 天增加最快。对磷的吸收，结荚期以前平缓增加，结荚期显著增加。结荚期积累磷量与产量呈直线相关，鼓粒期积累的磷量与产量相关不显著。鼓粒期积累的氮量与产量呈直线相关，对产量影响最大。施氮肥过多或干旱不利于小豆对磷的吸收，因此植株各器官中磷的含量下降。相反，在湿润条件下，钾的含量比较低。磷肥施用量大，可以调动土壤中的氮素，增加土壤中有效氮的供应，但过多地施用磷肥会加重锌元素的缺乏，并显著降低产量。适量施用钾肥，可增强茎秆韧性，减轻倒伏以及病害，对促进早熟和增加产量都有明显效果。

第三节　小豆品种

早在 20 世纪 80 年代之前，山西省小豆生产上仍采用农家种，而且品种混杂，退化严重。20 世纪 80 年代中期，山西省才开始研究小豆的品种选育，工作起步较晚。品种选育一开始运用引种、地方品种利用、系统选育等方法选出小豆新品种，随着小豆育种研究的深入，杂交育种、人工诱变育种、分子育种逐渐成为主要育种手段。抗豆象育种也是育种家追求的一个育种方向，豆象为害是小豆生产的限制因素，我国小豆生产和贸易中因豆象为害对小豆品质造成严重影响而损失惨重，选育出抗豆象品种可在小豆储存期间不需要采用密封保存、高温杀虫、药物熏蒸等措施，使小豆可自然越夏，减少了人工成本及农药残留，安全性将大大提高。目前，我国小豆育种的主要目标为：中、早熟品种，一般春播为 115 天左右，夏播为 90 天左右，以红粒小豆为主，兼顾选育其他颜色的小豆；粒形短圆、饱满整齐，百粒重 12 克以上；商品性好，高产稳产，具有较强的抗病性，包括抗病毒病、白粉病和叶斑病等；结荚部位较高，不炸荚，适宜机械化收获；同时具有耐阴性强、不串蔓、不倒伏、适宜间作套种的特性。

经过育种工作者几十年的努力，山西省小豆新品种选育工作取得了成效，选育出晋小豆1～6号新品种，这些新品种与地方品种相比，高产性、稳产性有了大幅提高，在生产上发挥着积极作用。下面介绍小豆品种。

一、地方名优农家品种

以中熟类型为主，全生育期120天左右，种子红色，鲜艳光亮，百粒重大于12克，沙大皮薄，品质好，经常冠以“天津红”之名用于出口，实际为山西红小豆。主要有：

（一）汾阳红小豆

山西省汾阳市地方种，广种于晋中、吕梁、长治、阳泉，每667米^{2}产量100千克左右，株高60～65厘米，百粒重16克，生育期120天，春播适期为5月下旬，山西中部地区春播，长治、阳泉可复播，适合于中等肥力，旱地、水地种植，为山西传统出口商品。

（二）朔县红小豆

山西省朔州市地方种，广种于大同、朔州、忻州、晋中等地，每667米^{2}产量100千克左右，株高50～70厘米，种子红色，鲜艳光亮，百粒重14克，沙大皮薄，品质好，中熟种，生育期120天，适宜平川肥沃地种植，晋南可复播，是山西传统名优出口商品。

（三）平鲁红小豆

山西平鲁县地方种，半蔓生类型，生育期100～110天，株高60～65厘米，百粒重12.3克，籽粒圆柱形，红色，适宜山西中北部地区种植。

二、育成品种

当前生产上推广的小豆主栽品种与传统农家种相比，有较大的改进，以中早熟类型为主，全生育期110～120天，种子红色，鲜艳光亮，高产、抗逆性强、适应性广、商品外观好。

（一）晋小豆1号

由山西省农业科学院小杂粮研究中心育成，并通过山西省农作物品种审定委员会审定。该品种属于中熟品种，春播生育期120天，夏播生育期90天。有限结荚习性，株形略紧凑，直立生长，偶有蔓生现象。幼茎绿色，成熟茎绿色，株高60厘米左右，主茎分枝3～4个。叶片卵圆形，花黄色。单株结荚20～30个，豆荚长约7厘米，圆筒形，成熟荚黄白色，单荚粒数7～8粒。籽粒圆柱形，种皮红色，百粒重约13克。干籽粒蛋白质含量24.78%，淀粉含量56.69%，脂肪含量0.14%，一般667米^{2}产150千克左右。该品种抗旱，抗花叶病毒。可在山西春播区春播、复播区复播。

（二）晋小豆2号

由山西省农业科学院经济作物研究所育成，并通过山西省品种审定委员会审定。该品种属于中晚熟品种，生育期125天左右。株高平均80厘米；主茎节数10节左右，茎半蔓生，有效分枝平均5个；花黄色，无限结荚习性，单株荚数约31个，荚细棒状；单荚粒数6粒左右，百粒重约10克；种子圆柱形，红色，白脐。一般667米^{2}产100～150千克。在较干旱、凉爽的生态环境中栽培，下湿地、高水肥地不宜种植。

（三）晋小豆3号

由山西省农业科学院小杂粮研究中心育成，并通过山西省农作物品种审定委员会审定。该品种属于中熟品种，春播生育期117天，夏播生育期90天。有限结荚习性，株形略紧凑，直立生长，偶有蔓生现象。幼茎绿色，成熟茎绿色，株高55厘米左右，主茎分枝4～5个。叶片卵圆形，花黄色。单株结荚30个左右，豆荚长约6厘米，圆筒形，成熟荚黄白色，豆荚粒数5～6粒。籽粒圆柱形，种皮鲜红色，百粒重约13克，一般667米^{2}产150千克左右。抗旱，抗花叶病毒。可在山西小豆产区种植。

（四）晋小豆4号

由山西省良种引繁中心育成，并通过山西省品种审定委员会审定。该品种属于中早熟品种，生育期107天左右。株高平均49厘米；茎半蔓生，有效分枝平均5个；花黄色，无限结荚习性，单株荚数约23个，单荚粒数 7 粒左右，百粒重约 12 克；种子圆柱形，红色，白脐。适宜于山西省中北部春播，南部复播。

（五）晋小豆 5 号

由山西省农业科学院作物科学研究所育成，2012 年通过山西省农作物品种审定委员会审定。该品种属于中早熟品种，春播生育期 110 天，夏播生育期 90 天。有限结荚习性，株形紧凑，直立生长。幼茎绿色，成熟茎绿色，株高 48 厘米左右，主茎分枝 3～4 个。叶片卵圆形，花黄色。单株结荚 30 个左右，豆荚长约 7 厘米，圆筒形，成熟荚黄白色，豆荚粒数 6～7 粒。籽粒圆柱形，种皮红色，百粒重约 17 克，一般 667 米^{2}产 150 千克左右，最高 667 米^{2}产达到 200 千克以上。干籽粒蛋白质含量为 20.66%，粗淀粉含量为 52.57%，粗脂肪含量为 1.00%。抗旱，耐瘠，抗倒伏，耐病，具有较好的适应性。可在山西、河北、陕西、河南、山东等小豆产区种植。

（六）晋小豆 6 号

由山西省农业科学院高寒区作物研究所育成。该品种全生育期 122 天， 株高 78 厘米， 主茎分枝 4 个，主茎节数 18 节，单株荚数 32 个，荚长 9.4 厘米，圆形叶，绿色，花黄色，荚白色，荚粒数 8 粒，籽粒圆柱形，种皮浅红色，脐白色，百粒重 19 克，一般 667 米^{2}产 140 千克左右。粗蛋白质含量 25.56%，粗淀粉含量 53.15%。抗旱，耐瘠，抗倒伏，耐病，具有较好的适应性。可在山西、河北、陕西、河南、山东等小豆产区种植。

（七）冀红小豆 5 号

由河北省农林科学院粮油作物研究所育成。该品种夏播生育期 90 天左右，株高约 65 厘米，单株分枝 3～5 个，荚长 6 厘米，单荚粒数 5～7 粒，籽粒短圆、红色、有光泽，百粒重 14 克左右，蛋白质含量 22.31%，淀粉含量 52.35%，为外贸出口的优良品种。耐荫、耐瘠、抗病毒病，平作或与玉米等高秆作物间作套种均可。适宜山西等地种植。

（八）保 8824－17

由河北省保定市农业科学研究所育成。该品种夏播生育期 87 天，在一年一熟制的北方春播区种植，生育期 115～118 天，株高 40～50 厘米，株形直立、紧凑，抗倒伏。单株分枝约3个，单株粒重21～25克。粒型长圆柱、粒色深红，百粒重16克，一般667米^{2}产150千克。该品种抗倒伏，抗病毒病，具有一定的耐盐能力。适宜山西等地种植。

（九）中红2号

由中国农业科学院品种资源研究所育成，2004年通过国家小宗粮豆品种审定委员会审定。该品种较早熟，在华北地区夏播生育期90天左右。株高约70厘米，主茎分枝约2～4个，单株结荚25个左右，多者可达50个以上。成熟荚黄白色，荚长约7.5厘米。种皮鲜红色，有光泽，籽粒饱满，商品性好，百粒重15克左右。种子含蛋白质24.3%，淀粉51%。适应性广，抗逆性强，抗病性、耐寒性较好。高产稳产，一般667米^{2}产100~150千克。

第四节　小豆栽培技术

一、小豆的耕作制度

（一）轮作

农谚有“豆地年年调，豆子年年好”之说，意思是小豆要轮作倒茬，小豆忌重茬，连作会使噬菌体繁衍，抑制根瘤菌的生长和发育，产量和品质明显降低，一般轻者减产10%左右，重者可减产50%以上，所以在种植时一定要轮作。实践证明，小豆与禾本科作物轮作效果最好，以3～4年轮作一次为宜。实行轮作可减少病虫害蔓延及杂草危害，调节土壤养分，增加地力，是提高小豆产量和品质的重要措施。

各地轮作形式主要有：

一年一熟地区：

小豆—玉米—谷子

小豆—玉米—荞麦

小豆—向日葵—马铃薯

一年两熟制：小麦—小豆

　　　　　　油菜—小豆

两年三熟区：

　　　　　　小豆—小麦—油葵

　　　　　　小麦—小豆—玉米

（二）单作

长期以来，小豆总是作为填闲作物种植。一般都将小豆种植在土质贫瘠的沙薄地、旱地或坡地上。地广人稀，无霜期短，管理粗放的地区都单作小豆；遭受严重春旱、风沙等灾害，延误了大秋作物播种地区，也可单作小豆抗灾，并可获得一定产量。近年来，随着市场经济的发展和经济水平的提高，小豆的种植与利用越来越为人们所重视，小豆的种植面积不断扩大，单作面积也逐年增大。

（三）复播

为提高土地利用率，增加单位面积的收入，利用蔬菜、小麦下茬种植小豆。近年来，由于地膜覆盖技术的推广应用，使作物播种、收获都相应提早，复播面积有所增长。

（四）间、套作

小豆株矮，有固氮肥田的特点，多与高秆作物或幼龄果树间作，达到通风透光、以光补肥的目的，有利于提高主栽作物或果树的产量，达到一地两收的效果。常见的有以下几种形式：

1. 玉米—小豆间作

由于近年来玉米的面积一直处于稳中有升的趋势，尤其是糯玉米上市早、经济效益可观，所以普通玉米—小豆、糯玉米—小豆间作便成为应用较为广泛的间作模式。普通玉米—小豆间作，以 3∶5 式间作效益较好，糯玉米—小豆间作以 3∶3 式间作效益为佳，其技术要点如下：

(1) 选用良种

玉米品种如先玉 335、大丰 30、品糯 1 号、品糯 2 号、品糯 3 号等；小豆品种如晋小豆 5 号等。

(2) 适期播种

春播区，可以直播玉米、小豆，也可以先播种玉米，待玉米长到 30 厘米左右时播种小豆，播种期一般在 4 月下旬至 5 月上旬。夏播区采用同时播种，播种越早越好。为提高品种纯度和种子发芽率，在播种前应进行种子晾晒和清选或购买商品种子。在有条件的地区可进行种子处理。小豆每 667 米^{2}播种量一般 2～3 千克，播深 3～5 厘米。

(3) 间作方式

普通玉米—小豆间作，采用 3∶5 的种植方式，即种植 3 行玉米套种 5 行小豆，玉米采用等行种植，糯玉米—小豆间作，可采用 3∶3 的种植方式，即种植 3 行糯玉米套种 3 行小豆，玉米采用等行种植。小豆每 667 米^{2}留苗 8000 株左右；玉米每 667 米^{2}留苗 5500 株左右，单株留苗。夏玉米种植区，小豆密度可适当加大至每 667 米^{2}9000 株左右。

(4) 合理施肥

玉米是一个需肥量比较大的作物，而小豆的耐瘠性较强，不宜施用氮肥过多。基肥应深施，施用基肥可用 45%复合肥 10～20 千克/667 米^2，施入 30 厘米的土壤中，中等肥力地块，追肥时要偏向玉米。

(5) 注意化控

由于肥料的使用和玉米的遮阴，小豆容易出现旺长，一旦出现旺长就必须进行化学调控，化控应在分枝期和开花期进行。分枝期每 667 米^{2}用缩节胺 3 克加水 50 千克喷施，严重时可间隔 7～10 天再喷一次。

(6) 病虫害防治

山西地区小豆的病害以叶斑病为主，虫害以地老虎、蚜虫、螟虫类为主；玉米的病害以大斑病、黑粉病为主，虫害以玉米螟为主。对于这些病害和虫害的防治应在小豆现蕾期和盛花期以防治小豆病虫害为主兼防玉米病虫害。一般田块可在这两个时期每 667 米^{2}用氯虫苯甲酰胺 100 克、43%戊唑醇 12 克、戊氰马拉硫磷 20 克对水 30 千克喷雾。为害严重田块应增加喷药次数，现蕾期每 7 天喷一次，连喷 2～3 次能达到良好效果。

(7) 及时收获

糯玉米上市早，适时收获后，可将玉米秸秆割除，促进小豆灌浆成熟。当田间有 80%的豆荚成熟时适宜收获。普通玉米在小豆收获后可进行机械收获。小豆收获后应及时晾晒、脱粒、入库并熏蒸，防止豆象为害。

2. 小豆、幼龄果树间作

一般采用幼龄核桃树或苹果树之间套种两行小豆。以幼龄核桃园间作为例，幼龄核桃园间作一般在核桃树定植后的前三年，此时幼龄核桃树树冠较小，对土地和空间的利用率较低，间作应“留盘种行”，在留够核桃树营养带和管理作业带以外的树间（一般距树干1米开外）种植两行小豆，到核桃树封行后，就不再间作。小豆生育期短、与果树争夺肥水能力弱、与果树没有相同病虫害，通过间作，可以抑制果园杂草生长，减少除草费用。间作应注意分清主次，要以果树管理为重点，间作为辅助，同时注意轮作，以免发生严重病虫害。在幼龄果树园，可大力发展林豆间作，有效提高土地和空间的利用率，增加果园前期的经济效益，达到以短养长，以经促果的目的。

3. 小豆、向日葵间作

若向日葵采取130厘米宽等行距种植，可在每行中间种一行小豆，株距15厘米左右。若向日葵采取大小行种植，宽行130厘米，窄行70厘米，可在宽行内种1~2行小豆。

4. 马铃薯、小豆间作

一般采用一行马铃薯一行小豆，利用两作物的不同生长特点，达到马铃薯、小豆双丰收。

二、小豆的栽培技术

（一）精选良种、精细整地

选好良种、深耕整地、施好底肥是小豆播种前的3项重要工作。

1. 选好良种

小豆品种的选择，除具有通常要求的高产稳产外，外贸出口的地区还要特别注重其商品外观质量。在适应不同种植制度基础上，还要注意其熟性的早晚。如在豆麦两茬耕作制度中，要求小豆不晚熟，不误冬麦的播种，就要选择早熟或中早熟品种。在冬闲地种植，可选择中晚熟品种。

2. 深耕整地

小豆对土壤要求不严，可以种植在各种类型的土壤中，为使小豆获得高产，必须改良土壤。小豆根系虽有一定的穿透能力，也需有一个疏松的土壤环境供其充分发展。根瘤菌的活动也需要一个地面平整，上松下实，保水良好的土层。小豆适宜深耕疏松的土壤，为小豆的生长发育和丰产奠定良好基础，通常不耕地进行播种是小豆不能取得较高产量的原因之一。深耕不仅可以加厚松土层，增强蓄水保肥能力，而且又将病菌和虫卵翻入地下，减少病虫害的蔓延，有利于小豆植株的发育及产量和品质的提高，因此，播前做好深耕整地至关重要。

春播小豆可在前茬收后进行秋后深耕（深耕 20～30 厘米）破除板结，第二年早春顶凌耙地，播前浅耕耙耱保墒，做到土壤疏松，地面平整。

复播小豆因时间紧，可给前茬作物浇“送老水”，前茬收获后要争取早整地早播种。方法有二：第一种是“软茬播种”，即翻地松土，粗犁细耙，掩肥灭草，耕的细，播种就稍迟。第二种是“硬茬播种”，用圆盘耙碎土灭茬、耕深 10 厘米，耕后耙平，或者前茬收获后，直接将小豆播种在前茬作物茬背上，等小豆出苗后，苗高 10～15 厘米时结合中耕灭茬。

间、套种小豆受限制不能进行整地，应加强田间管理，中耕除草，防治病虫害，为小豆播种创造良好条件。

3. 施好底肥

增施农家肥作底肥，是改善小豆营养，提高产量的重要措施。基肥以堆肥、厩肥等农家肥为好。在农家肥中增加磷、钾肥，如草木灰，也可将计划用的全部磷肥和 30%左右的氮肥等作为基肥或种肥施入。

（二）种子处理

1. 选种

要选择适宜当地种植的小豆品种，在小豆播种前要对种子进行精选，剔除秕粒、虫粒、小粒和杂质，选用干净、种皮颜色一致，粒大而饱满的籽粒作种用。

2. 晒种

晒种可增强种子的活动力，可提早发芽。

3. 拌种

在没有种过小豆的地块，可用根瘤菌拌种，每 667 米^2 可增产 10%以上，比每 667 米^2 施 15 千克无机肥料增产还显著。菌肥成本低，用量少，经济实惠，不仅能提高小豆籽粒蛋白质含量，还能肥田养地利于后茬作物。

（三）播种时间

因品种栽培制度和生态条件不同。一般地温达 16～20℃时即可播种。

在一年一作春播区，从 4 月下旬至 5 月底均可播种；复播应在前茬收获后，尽量早播，最迟不应迟于 6 月底。播种越早，产量越高。

（四）播种密度

小豆的种植密度必须要因时、因品种而定。春播中熟品种，一般行距 50～60 厘米，株距 15 厘米左右。夏播早熟品种，一般行距 50～60 厘米，株距 10 厘米左右。瘠薄地夏播早熟品种，行距 40～50 厘米，株距 10 厘米左右，每穴留两株苗时穴距要放大。与玉米间作，玉米行距应不少于 100 厘米，对小豆产量影响较小。目前选育的一批矮秆直立或半蔓生类型品种，在山西省中部种植密度每 667 米^2 8000～10000 株较适合。

小豆的播种量需要根据不同的播种时期所要求的密度和品种的籽粒大小以及发芽率来定。一般每 667 米^2 用种 2.0～2.5 千克。通常播种的种子粒数为留苗数的 1.5 倍到 2 倍。春播小豆因生育期长，株形较大，应适当稀植，所以播种量可适当少一些；夏播和秋播量稍多一点。小粒品种播种量少一点，一般每 667 米^2 2 千克左右即可；大粒型品种（百粒重大于 15 克），则需适当加大播种量，即每 667 米^2 2.5～3.0 千克。

小豆发芽子叶不出土，播种深度宜稍浅，一般为 3～4 厘米，过深则妨碍出苗，太浅不利于根系发育，易造成倒伏。春播小豆为防止吊干苗，一般可深一些，夏播小豆墒情较好，应浅一些。

（五）播种方式

小豆播种有条播和穴播两种。按密度等距离条、点播，是发挥单株优势和群体增产的重要环节，而且也是节约用种，减少用工的基本措施。大面积种植是在耕翻整地的基础上，采取机械平播的方法，并采取相应的镇压措施，以利于保墒提墒。

（六）趁墒播种

土壤墒情直接影响着种子的吸胀、发芽、出苗时间，是关系能否获得齐苗、壮苗的关键。如果在小豆播种期间遇旱，则必须采取措施，以保证有足够的底墒。可以是播前浇地，然后耕耙整地，足墒播种，或在播种前将地整平，开沟撒种，随即盖土压紧保墒。也有抢播在雨前或播后等雨的做法，但这必须在预报有雨的情况下进行，并预防发芽后干芽、死种的情况发生。

（七）田间管理

小豆一生的生育阶段，可将开花以前分为生长前期，或营养生长期；开花以后分为生长后期，或生殖生长期。

生长前期田间管理的重点是抓苗全促苗壮；抓中耕除草，防草荒；疏松土壤有利根瘤的生成和活动；防治蚜虫和红蜘蛛为害；保持土壤适当湿度。各项措施都是为了促进分枝生出和花芽分化。

生长后期田间管理的重点是追施少量速效氮肥；保持土壤湿度，防干旱；防止豆荚螟、红蜘蛛、锈病、白粉病的发生。确保多开花多结荚，粒多粒大，籽粒丰满润泽。

具体措施有：

1. 间苗与定苗

早间苗，早定苗，在第 1 片复叶展开后间苗。间苗时拔除弱苗、病苗、小苗和杂草。第 2 片复叶展开后定苗。间、定苗的同时要进行查苗、补苗。按计划种植的密度留壮苗、留匀苗。

2. 中耕除草松土

小豆一般在封垄之前至少中耕 2～3 次，先浅后深，既清除杂草，又疏松土壤。松土主要能提高地温，调节水分和改善土壤水、气、热状况，有助于养分的吸收与充分利用，促进根系的生长和根瘤菌形成，增强固氮能力，加速根系和植株的正常发育，促进幼苗迅速生长，确保根壮苗健，打好丰产架子。所以有“锄一次地，发一批根，促一次苗”之说。中耕锄地也要看天看地看苗进行。晴天、干旱要保墒，中耕后要把地表土块弄碎推平，防止跑墒。雨天不中耕，雨后抓住宜耕期及时中耕。水分过大时，稀锄，土块不粉碎有利放墒。看苗中耕的原则是苗期离苗近锄浅锄，中期离苗远锄深锄。苗过旺深锄，离苗近些，伤些根可控制生长；苗弱时深锄细锄，以促进生长。中耕时结合培土壅根，在开花后停止中耕。

3. 水肥管理

小豆为固氮作物，耐瘠性较强，一般在中等肥力以上的地块无须施肥。但在瘠薄地上，要获得高产，必须适时施肥。小豆施肥应掌握重施磷肥和农家肥，巧施氮肥，增加微量元素肥料施用。一般经验是整地前每 667 米^2 施过磷酸钙 25 千克，播种时施种肥尿素 2.5～5.0 千克（尿素不与种子接触）。追肥要看天看地看苗情，避免疯长。根据田间情况，在初花期追施适量速效氮肥，施尿素 5～10 千克/667 米 ^{2}。施肥后结合培土和灌水，以发挥肥效。有条件的可在花荚期叶面喷磷或其他微量元素。除氮、磷、钾三要素外，小豆还需要一定量的钙、硼、镁、铜、钼等微量元素。

小豆苗期一般不需灌水，如果干旱严重造成小豆不能正常生长就要浇水，浇水应轻浇。苗期若土壤水分过高，通气不良，导致小豆不能正常发育。花期和结荚期为需水高峰期。如果此期遇干旱，土壤水分不足，则会造成落花、落荚，导致减产，但浇水时水不宜过大，应采取浸润浇灌，切忌大水漫灌。有条件的地方现蕾期浇水一次，可提高单株结荚数和单荚粒数，结荚期再浇水一次，以增粒重并延长开花结荚时间。

4. 化控调节

小豆植株徒长严重影响其产量和品质，对小面积种植的晚熟、蔓生品种，若出现徒长现象，可在开花前将主茎和分枝的顶端掐掉；对大面积种植的地块，可喷施植物生长调节剂，或 2，3，5-三碘苯甲酸在花期喷撒，具有较好增产效果。对高水肥地块，可用矮壮素或多效唑拌种，也可在花期喷撒。

5. 及时收获

小豆上下部荚果成熟不一致，往往基部荚果已呈现黑色，有 80% 的荚果变黄时，为适宜的收获期。收获过早色泽未显，粒形不整，小秄粒多，品质低下；收获过晚不但荚果裂开，秄粒散落，而且豆粒光泽减退，异色粒增加，品质下降。收后晾晒促进后熟，即可脱粒，扬净晒干后入库贮存。多数地区采用人工收割，田间晾晒，待豆荚全部变黄白色，秄粒变成固有形状和颜色，再运回晒场脱粒。

6. 贮藏技术

收获后及时脱粒、晾晒、清选，脱粒扬净后的秄粒不要曝晒，以免影响色泽。当种子含水量达到 14%以下时，即可入库保存。贮存前要预防豆象蛀食，进行熏蒸处理，生产量多的单位，可用磷化铝熏蒸灭虫，生产量少的农户，可用陶器或小屯保存，小量保存时可用石灰或草木灰垫底，对防潮和防虫有较好的效果。

第五节　小豆主要病虫害防治

一、病害及防治

小豆主要病害有锈病、叶斑病、根腐病、褐斑病、病毒病和线虫病。

（一）小豆锈病

小豆锈病是一种真菌病害，主要危害叶片，严重时侵染到茎和豆荚等部位。侵染初期有苍白色褪绿小斑点，逐渐在小斑点上产生黄白色略突起，有时周围有褪绿晕圈。在小豆生长后期，病斑变成深褐色。多在7～8月发生，条件适宜时病情发展很快，严重时植株提前枯死，造成严重减产。

防治方法

（1）农业防治：选用抗病品种；实行轮作，合理密植；增施磷钾肥，增强植株抗病能力；清沟排渍，降低田间湿度；烧毁病株，销毁病源。

（2）化学防治：在病初期用15%的粉锈宁对水1000倍，或25%的粉锈宁对水2000倍，以及石硫合剂喷施效果较好。

（二）小豆叶斑病

小豆叶斑病是真菌病害，主要危害叶片。病斑散生，形状不规则，大小不一。病斑中部灰白色，边缘红褐色。多发生在多雨季节，当温度在25～28℃，相对湿度在85%～90%时，病情发展严重，造成碎叶、落叶，影响产量。

防治方法

（1）农业防治：选用抗病品种；合理密植，田间通风透光；加强管理，排除渍水，降低田间湿度。

（2）化学防治：以50%多菌灵，或50%苯来特对水1000倍，或80%的代森锌对水400倍，每隔7～10天喷一次，连喷2～3次，效果较好。

（三）小豆白粉病

小豆白粉病是真菌性病害，主要危害叶片，也可侵染茎和荚。在温度适中（22～26℃），相对湿度较大（80%～90%），特别是昼暖夜凉有露水的潮湿环境下，发病严重。在叶片上出现小而分散、褪绿的病斑，病斑逐渐扩大并为白粉覆盖，最后覆盖全叶。严重时叶片呈蓝白色，重病叶可枯萎，9月份易发生。

防治方法

(1) 农业防治：选用抗病品种；合理密植，增施磷钾肥，排除积水，以改善通风透光条件；与非豆科作物轮作2～3年。

(2) 化学防治：主要是在发病早期喷洒农药，如用40%氟硅唑（福星）乳油5000～8000倍液，25%粉锈宁可湿性粉剂2000倍液，70%的甲基托布津可湿性粉剂1000倍液或50%的多菌灵可湿性粉剂500倍液，效果较好。重病田隔7～10天再喷一次。

（四）小豆病毒病

小豆病毒病包括黄花叶、斑驳和芽枯病，通常多为黄花叶病毒病，叶脉间呈现黄化褪绿，进而缩叶，植株矮化。斑驳病毒侵染叶片出现斑块黄化失绿。芽枯病毒病从植株顶部主茎或分枝生长点部分开始生病，最后顶部发褐枯死。病毒病往往几种病毒交叉在一起，并引发其他病害。病源主要由种子和田间传播侵染，蚜虫和茶褐螨及叶蝉类害虫是主要的传播者。在高温干旱的气候条件下，容易发生。

防治方法

(1) 农业防治：发生后难治，应以预防为主。选用抗病品种；加强苗期田间管理，及时拔除病苗，防止干旱，增强植株抗病能力。

(2) 化学防治：在发病初期喷施2%或8%宁南霉素水剂，6%菌毒清，3.85%病毒必克可湿性粉剂，40%克毒宝可湿性粉剂，5%植病灵1000倍液防治。

（五）孢囊线虫病

根结孢囊线虫病，是由线虫侵染小豆的根后形成孢囊，线虫在孢囊中繁殖，消耗植株营养，并使植株发育受阻，植株发黄矮小。被侵害的根从近孢囊处形成许多分支，形成丛密根系，被害植株地上部分表现为叶片褪绿、黄化，严重被害时植株矮化、瘦弱，叶片焦枯似火烧状，从而影响产量，此病主要靠土壤和种子传染。

防治方法

(1) 农业防治：选用抗病品种；合理轮作，与禾本科和薯类作物倒茬；加强栽培管理，增施有机肥、适时灌溉和追肥等。

(2) 化学防治：主要使用土壤消毒剂，但成本过高。用呋喃丹颗粒剂 1.0~1.5 千克/667 米^2，撒施在播种行内，然后覆土，对抑制线虫的发生和防治其他地下害虫、前期蚜虫有一定效果。

二、虫害及防治

小豆主要虫害有蚜虫、红蜘蛛、豆野螟、地老虎和绿豆象。

（一）蚜虫

俗称腻虫。为害小豆的蚜虫有豆蚜、桃蚜和长管蚜。蚜虫喜温暖干燥的气候，平均温度在 22℃左右、相对湿度在 78%以下，繁殖较快。

蚜虫常在小豆顶芽、嫩叶和青荚上群居，吸取叶汁，使幼苗嫩叶卷缩，严重时使植株萎缩。迁飞的有翅蚜常传播病毒。

防治方法

(1) 播种时，在播种行内撒施呋喃丹颗粒剂，1.0~1.5 千克/667 米^2，此农药有内吸作用，对防治幼苗期蚜虫有 20 天左右的效果。

(2) 也可叶面喷洒 10%吡虫啉可湿性粉剂 2500 倍液，或 50%辟蚜雾可湿性粉剂 2000 倍液，或绿浪 1500 倍液防治蚜虫。

(3) 田间喷施粉剂 1.5%乐果粉，或 2%的杀螟松粉，或 25%的亚胺硫粉防治蚜虫，喷施量为 2.0~2.5 千克/667 米^2。

(4) 生物防治：释放瓢虫或草蛉。

（二）红蜘蛛

俗称火地龙。红蜘蛛在高温干燥的气候条件繁殖很快，尤其在温度 29~31℃、相对湿度 35%~55%的 6~8 月份，不到两周完成一个世代。

常群集在叶的下表面吸食叶汁，被为害的叶片表面呈现黄色或白色的小斑点，继而叶片褪绿，严重时叶片发红，田间成片死亡。由于红蜘蛛能织丝网，覆盖其生活和繁衍的地方，虫害严重时喷洒的农药很难接触到群体。

防治方法

（1）农业防治：深翻土地，将螨虫翻入深土层中，及时彻底清除田间、地埂渠边杂草，减少其繁殖场所，降低虫源基数，防止其转入田间。

（2）化学防治：及早查清始发区，早治、治彻底，消灭在成灾之前。早期防治可用40%三氯杀螨醇1500倍和杀螨特莱农药，15%哒螨酮3000倍液，1%甲维盐1500倍液或2.5%天王星乳油1000～1500倍液喷雾，每隔7～10天喷施一次，防治2～3次，重点喷施叶下面。

（三）地老虎

俗称土蚕、切根虫。为害小豆的有小地老虎和黄地老虎。地老虎食性杂，为害多种作物的幼苗。潮湿的土壤和杂草丛生的沿沟低洼地，是地老虎虫源地。

幼虫3龄前群集为害幼苗生长点和嫩叶，啃成小洞或切断顶芽。4龄后的幼虫分散为害，白天潜伏在幼苗或杂草根茎附近的土中，夜间出来啃吃幼茎，切断幼苗或啃倒幼株，并拖回部分嫩叶到洞口。使田间缺苗断垄。

防治方法

（1）农业防治：铲除杂草，清理田园，人工捕捉。

（2）化学防治：同绿豆的地老虎防治。

（四）豆野螟

又名大豆卷叶螟、蛀荚虫、蛀花虫。喜高温多雨气候，对夏播小豆为害较重。

幼虫卷叶或蛀入蕾、花和幼荚中蛀食荚和嫩粒，造成严重减产。

防治方法

主要喷施化学农药1.8%阿维菌素乳油2000倍液或40%灭虫清乳油，30毫升/667米^2，对水50～60升；氧化乐果、50%的辛硫磷等按规定比例对水，在幼虫孵化高峰期及时喷施，可以有效控制为害。

（五）豆象

主要是绿豆象，除为害绿豆外，也为害小豆和豇豆等种子，是主要的仓库害虫。成虫将卵散产于种子表面，孵化后幼虫蛀入籽粒中为害，10～17天化蛹，蛹4～5天羽化成虫，成虫寿命一般5～20天，第2～4天产卵量最大。一年发生4～5代。在24～30℃时繁殖最快，也在田间繁殖为害。10℃以下停止发育。被蛀的小豆种子中空或种内成粉状，失去发芽能力，严重时贮存种子全部被蛀空。

防治方法

(1) 化学防治：熏蒸，按每立方米50克溴甲烷20克磷化铝的配比，投入盛小豆的密封容器中，在20～25℃的室温条件下，熏蒸3～4天，既能杀虫又能杀卵。熏过的籽粒，晾开待药散发后仍可作种子或食用。

(2) 农家小经验：将小豆种子置于能密封的小容器内（坛中、罐中或小口大肚塑料瓶中），在底部放置石灰或草木灰，或具挥发性农药拌细土，然后密封，效果也很好。还有开水杀虫法，将小豆种子放入沸水中约20秒，立即捞出晾干，杀虫率也能达100%。

第六节　小豆的综合利用

一、小豆的营养价值

（一）蛋白质与氨基酸

小豆为高蛋白质、低脂肪作物，含有钙、铁、硒等多种矿物质和微量元素，医、食两用，其蛋白质含量为禾谷类作物的2～3倍（见表2-1）。

表 2–1　小豆与小麦粉、大米、玉米营养成分比较(每 100 克中含量)

项　目	小豆	小麦粉	大 米	玉米
蛋白质(克)	20.2	11.9	7.4	8.5
脂肪(克)	0.6	1.3	0.8	0.1
淀粉(克)	63.4	75.2	77.9	85.0
膳食纤维(克)	7.7	10.8	0.7	0.1
磷(毫克)	305	325	110	25
钾(毫克)	860	289	103	8
钠(毫克)	2.2	6.8	3.8	6.3
钙(毫克)	74	34	13	18
镁(毫克)	130	4	34	6
铁(毫克)	7.4	5.1	2.3	4.0
铜(毫克)	0.64	0.43	0.30	0.07
锰(毫克)	1.33	3.10	1.29	0.05
锌(毫克)	2.20	2.33	1.70	0.09
硒(微克)	3.80	4.05	2.23	0.70
碘(毫克)	7.8	0	0	0

据测定，蛋白质含量小豆 16 .9%～29.2%，大米 7.4%，小麦 11.9%，玉米 8.5%。小豆的蛋白质组成与其他禾谷类作物蛋白质不同，易于人体吸收，数量和质量都优于小麦、大米和玉米。

小豆含有 20 种氨基酸（见表 2–2），其中人体必需的 8 种氨基酸的含量普遍高于小麦面粉、大米、玉米面、小米、高粱米等，尤其赖氨酸的含量是小麦面粉、大米、玉米面、高粱米和小米面的 4～5 倍（见表 2–3）。

表 2–2　小豆的氨基酸种类及含量（毫克 /100 克）

名称	含量(毫克)	名称	含量(毫克)	名称	含量(毫克)
异亮氨酸	841	亮氨酸	1529	赖氨酸	1410
含硫氨基酸	498	蛋氨酸	309	胱氨酸	189
芳香族氨基酸	1623	苯丙氨酸	1084	酪氨酸	539
苏氨酸	644	色氨酸	172	缬氨酸	923
精氨酸	1370	组氨酸	569	丙氨酸	810
天冬氨酸	2099	谷氨酸	3000	甘氨酸	703
脯氨酸	576	丝氨酸	891		

表 2-3　我国主要粮食的氨基酸含量(毫克 /100 克)

氨基酸	小豆	小麦粉	稻米	玉米面	高粱米	小米
赖氨酸	1410	262	266	308	232	229
蛋氨酸	309	151	132	153	180	300
苏氨酸	644	328	282	370	387	467
色氨酸	172	122	120	65	105	202
亮氨酸	1529	763	635	1274	1715	1489
异亮氨酸	841	384	251	275	399	376
精氨酸	1370	260	570	394	342	388
缬氨酸	923	454	397	415	562	548

（二）淀粉

小豆籽粒中总淀粉含量为 41.8%～67.44%，其中，直链淀粉占总量的 8.3%~16.4%，支链淀粉占总量的 62.61%～98.94%，且品种间差异较大。直链淀粉为耐消化淀粉，具有预防肥胖的作用。支链淀粉性味温甘，易消化吸收，能补中益气、暖脾胃、止虚寒泻痢等，特别适宜老年人或脾胃虚弱者食疗。

（三）脂肪

小豆脂肪含量 0.5%～2.7%，其中不饱和脂肪酸含量达 80%，吸收率高达 95%以上，既能满足人体对脂肪的需要，还有降低血中胆固醇的作用。

（四）维生素

小豆含有丰富的维生素，每 100 克小豆籽粒中含有维生素 A 13 微克、胡萝卜素 3.2 微克、硫胺素 0.16 微克、核黄素 0.11 毫克、维生素 E 14.36 毫克、维生素 B_1 0.45 毫克、维生素 B_2 0.09 毫克、维生素 B_6 0.39 毫克。B 族维生素含量丰富，具有非常重要的功能。其中，维生素 B_1 是促进糖类代谢的重要元素，缺乏维生素 B_1 时，糖代谢会变差，体内易积累乳酸等疲劳物质，容易疲劳，出现手脚麻木、浮肿、心慌等症状。维生素 B_2 是促进脂肪代谢的重要元素，除了分解多余的脂肪外，还能促进细胞、皮肤、头发的再生。维生素 B_6 可以促进蛋白质的分解。维生素 B_2 和维生素 B_6 不足时，皮肤会变粗糙。特别对于女性，维生素 B_2 和维生素 B_6 是美容的天敌。

（五）无机盐与微量元素

无机盐在调节生理机能、维持正常代谢的生命活动中起着重要作用。微量元素具有高度的生物活性，极小剂量就能发挥强有力的作用。小豆籽粒中含有丰富的人体必需的矿物质元素，每100克小豆籽粒中含有钙74毫克、磷305毫克、钾860毫克、铁7.4毫克、锌2.2毫克、硒3.8微克等。小豆中的铁和钾，可预防贫血、高血压。

（六）食用纤维

小豆的粗纤维含量为4.4%～12.7%，100克小豆中纤维素的含量约为7.7克，是精大米的10倍。纤维素含量高是豆类的整体特征，其中，小豆中的纤维素含量仅次于芸豆，位居第二位。

随着人们生活水平的提高，高蛋白、高脂肪摄入增多，因此，出现了肥胖、高血压、动脉硬化等与饮食习惯有关的“现代生活习惯病”。引起这些疾病的不良饮食习惯之一，被医学家们认为是纤维素的摄取量少。纤维素被认为是人体不可忽视的“第六营养素”。

纤维素的主要作用：

1. 纤维素可以帮助排出体内致癌物质

纤维素分两类，一类是可溶性的，一类是不溶性的。可溶性纤维素的主要作用是降低血液中的胆固醇，防止动脉硬化等生活习惯病。此外，还有抑制血糖急剧上升、预防糖尿病、降低血压的作用。小豆中的纤维素多为不溶性的，不溶性纤维素的最大作用是可以将体内的致癌物质排出。

2. 纤维素可以防止便秘

便秘的原因之一在于食物在大肠内的蠕动不充分，致使食物在大肠内停留时间太久。老年人、缺乏运动的人、内脏下垂的人、体力弱的人容易便秘。纤维素防止便秘的作用归功于两点：一是吸水性，二是膨润性，它可以通过吸水和膨胀刺激肠蠕动。

（七）特殊营养成分

1. 多元酚

有预防衰老、运动功能减退、记忆力衰退、皮肤出现黑斑、皱纹等功效。近年有研究表明，白内障、关节炎也与此有关。

2. 皂角苷

能使血液流动畅通，可以抑制胆固醇、中性脂肪的生成以及抑制过氧化脂质的形成，预防动脉硬化，丰富的皂角苷可以调节体内水分平衡。

3. 花色素

小豆种皮的红色为“花色素”，是多元酚的一种，可以保护、强化视网膜的毛细血管，稳定角膜、水晶体等骨胶原，常食用小豆可以缓解眼睛疲劳，对视力恢复有帮助。

二、小豆的保健作用

小豆不仅是美味可口的食品，而且是医家治病的妙药。古医书中有许多关于小豆治病的神奇疗效，药用价值很高。小豆内服外用，都未见有副作用，它的最大优点是利水和减肥，日本禅宗饮食中将小豆列为长寿食品。

古代医学家李时珍把小豆称作“心之谷”，强调了小豆的养心功效。既能清心火，也能补心血，增进食欲，促进胃肠消化吸收。民间用小豆与红枣、桂圆同煮用来补血。小豆对肾病、心脏病所导致的水肿有很好疗效，适合心血管疾病患者及肥胖者食用。小豆富含叶酸，多吃小豆有催乳的功效，适合产妇缺奶和产后浮肿者食用。

秋季吃小豆具有排湿祛毒、养胃护脾的功效，肠胃功能低下者、身体虚弱者一定要多吃小豆及小豆制品，如：小豆粥、小豆饮品，切记小豆要连皮吃下，提高自身的免疫力和抵抗力。

三、小豆的食品开发利用

我国人民自古就有食用小豆的习惯。它既可调剂人们生活，又是食品饮料加工业的重要原料之一。《齐民要术》中就有小豆叶用作蔬菜的记载。

（一）初级加工

目前我国对小豆的利用，从总体上讲，初级加工仍占很大比重，即以原粮或半成品的形式大量用于食品中。小豆食品加工技术主要以手工操作，多用来制作豆沙（小豆的出沙率约为75%）、小豆粉和炒豆沙等；或直接食用，如夏季煮小豆汤喝以清热解暑；或与大米、小米、高粱米等熬粥；或小豆粉与小麦面、玉米面、大米面、小米面等掺和配成杂面制作多种食品。

近年来，随着城乡人民生活水平的提高和膳食结构的变化，小豆制品越来越受到人们的重视，用途越来越广泛，如用来做面包圈、小豆羹、豆沙包、什锦小豆粽子、小豆冰激凌、砂仁饼、小豆春卷、小豆酸奶，还可做咖啡和可可制品的填充料。大粒小豆还可以制作罐头。日本、韩国等是小豆消费大国，把小豆当作保健食品和吉祥食品倍加推崇，仅用小豆制作的糕点市场占有率就达80%左右。

现介绍几种家庭自制小豆食品的方法：

1. 豆沙馅

选用新鲜干豆，剔除土石块、虫蛀粒，用水清洗干净。浸泡于水中8~12小时，放入锅中煮2小时左右或者高压锅内煮半小时，待降温后取出，加入枣泥和绵白糖即成香甜可口的豆沙馅。

2. 糕

小豆作馅，用糕面包入豆沙馅，圆形，直径6~8厘米，厚度1厘米，放热油锅炸至金黄色，即成外焦里嫩、香脆可口的油糕。

3. 小豆包

小豆作馅，将发酵好的面擀成圆片，包入小豆馅成包子形，放蒸笼内大火蒸25分钟即成。

4. 小豆粽子

小豆浸泡24小时与糯米一起包入粽子，可作红心，也可拌在一起，做成的粽子色、香、味俱佳。

5. 炒豆沙

炒制的熟豆沙可直接食用。将湿豆沙加饴糖和食用油在锅内翻炒，使之均匀化开，再加食糖继续翻炒，最后加入桂花或少许香精拌匀成胶糊状，控制水分，使馅质软硬适宜。常用配方：红小豆10千克，食糖10千克，饴糖1千克，食用油3千克，桂花0.5千克。

（二）深加工利用

针对传统加工工艺的某些缺陷或现代食品加工的需要，人们对小豆产品现代深加工技术在积极地探索。如将小豆按种皮和胚分开，豆胚部分用于分离淀粉和粗蛋白；豆皮部分用于提取色素和加工纤维饮料。其原料分层次利用，提高了原料利用率和产品的附加值。

随着人们生活水平的提高及保健、医学事业的发展，国内外对小豆深加工的需求将会进一步增加，对小豆中微量和功能成分的研究也在探索中。从小豆皮色素分离的芦丁，是小豆药用的主要有效成分。总体上来说，小豆的深加工还处于研发阶段，可进入市场的产品还很少，今后要加大力度推进小豆功能性食品的开发，深加工产品的研发，使传统的小豆农产品和食品注入保健营养、益智、工业化、高新技术等内容，将这一具有中国特色的农产品和食品推向世界。

附录：

小豆的等级检测标准

表 2-4 小豆国家检测等级标准 B/T 10461—2008

等级	纯粮率/%	杂质/%		水分/%	色泽、气味
		总量	其中矿物质		
1	≥98.0	≤1.0	≤0.5	≤14	正常
2	≥95.0				
3	≥92.0				
等外	<92.0				

近年来，外贸粮油公司根据外商的要求，提出了红小豆出口商品品质规格：

① 当年产。

② 含水量<14%。

③ 杂质率<0.5%。

④ 不完善粒含量<3.0%。

⑤ 外观色泽：

天津红：籽粒短柱形、一头齐、朱砂红色。

一般红小豆（中国红）：籽粒均匀、红色 、色泽鲜艳。

⑥ 筛下物：天津红 4.0 毫米筛下物不超过 1.0%。一般红（中国红）4.0 毫米筛下物不超过 1.0%。

⑦ 无隔年产品及异色粒。

第三章　芸　豆

第一节　概　述

芸豆又名菜豆、莲豆、四季豆等，是普通芸豆和多花芸豆的总称，属于豆科芸豆属，为一年生草本。普通芸豆原产于美洲，16 世纪初普通芸豆由西班牙人传入欧洲，17 世纪末才扩展至欧洲全境、非洲及世界其他地区。多花芸豆原产中南美洲海拔 2000 米以上潮湿冷凉的高山地带，性喜冷凉湿润环境，是冷凉山区栽培的耐寒豆科作物。我国芸豆种植面积大约 60 万公顷，居世界第三位，仅次于印度、巴西，总产量 82 万吨。芸豆现已成为我国主要出口杂豆之一，出口量位居我国食用豆类作物的第一位，占食用豆出口总数的 1/3。

芸豆的籽粒含蛋白质 17.3%～26.5%，脂肪 1.2%～2.6%，碳水化合物 56%～61%，并含有多种维生素 B、胡萝卜素及钙、磷、铁等微量矿物元素，在其蛋白质构成中，富含人体必需的 8 种氨基酸，特别是赖氨酸和色氨酸的含量较高，它的蛋白质含量是禾谷类作物的 2～3 倍，所以芸豆营养价值较高，是人类蛋白质来源的重要组成部分。芸豆的嫩荚、嫩粒适口性好，营养丰富，是质优价廉的四季蔬菜；嫩荚、嫩粒还可作脱水或速冻蔬菜的原料。芸豆籽粒煮软性好，香绵可口，是煮饭做粥的上好原料；可加工制作罐头如咖喱豆、牛肉豆等；还可加工成淀粉，制作粉皮、粉丝；芸豆沙可制作糕点，如宫廷点心、芸豆糕等。种皮可提取天然色素，用于食品和化妆行业，还是制作味精、酱油的原料。芸豆除有较高的营养价值外，还具有食补和药补的作用。据记载：芸豆的籽粒有滋补、解热、利尿、消肿的功效，对治疗水肿和脚气病有特殊疗效；种子中含有植物血细胞凝集素，在配合肿瘤治疗中，可提高化疗和放疗的效果。所以，常食芸豆籽粒对保持人们身体健康、防病治病有良好的作用。

山西地处黄土高原山区，境内山石林立，沟壑纵横，自然条件比较恶劣，常年缺水干旱，农作物产量较低。但日照充足，昼夜温差大，这样的气候特点较适宜芸豆生长，且品质较好。同时，芸豆生产还可以充分利用相对贫瘠的耕地，提高耕地的可利用率，芸豆又是养地作物，茎秆可以还田肥地，还是家畜的优质饲料。有研究表明：在冷凉山区种植芸豆的收益要高于种植其他作物。在贫困人口相对集中的地区发展芸豆产业，可以增加这类地区贫困人口的收入和改善食物营养的供给状况，对缓解贫困有现实意义。在长期的生产和出口过程中，形成了自己独特的名优品牌。英国红芸豆作为中国小杂粮出口名优产品，在国际市场上有较强的竞争力。种植面积逐年上升，已经是山西省的名牌产品。芸豆的生产基地大多远离污染源、工业区，生产中极少使用农药、化肥，是无污染、纯天然绿色食品。因此，大力发展芸豆产业，有利于贫困地区农民脱贫致富。无论从生态型农业还是从效益型农业角度出发，都有必要继续开拓和加强芸豆产业发展。

第二节 芸豆的特征特性及生长环境

一、特征特性

（一）根与根瘤

芸豆的根系由主根、侧根、次生根、根毛和根瘤几部分组成。主根为圆锥根系，入土较浅，长 10～20 厘米。主根长出 3 天后，侧根长出并迅速扩展，形成发达的根群，横向分布于浅土层中，长可达 15 厘米左右。通常在种子萌发后，子叶尚未长出时，主根已达 5～6 厘米，并有 4～5 厘米长的侧根 8～9 条，直径与主根相仿，侧根上长有次生根，主根和侧根的尖端生有根毛。一般播种 3 周，第一片复叶长出时，地下部已形成较为密集的根系。

根瘤呈球形或不规则形，一般单生，有的簇生，直径 2~6 毫米。肉红色根瘤固氮能力强，黄色或暗褐色根瘤固氮能力弱。根瘤内根瘤细菌从皮层细胞吸收碳水化合物、水分和矿物质，进行生长和繁殖。根瘤集中生长在主根和侧根的上部，即土壤的通气区，同时能固定空气中的游离氮，供芸豆利用。芸豆可与芸豆族和豇豆族根瘤共生，一般播种后 10 天左右，根瘤开始形成。根瘤的形成和发育与土壤理化性质密切相关，一般在土壤疏松、结构良好、肥水适宜的条件下，根瘤的形成和发育比较好。

(二) 茎

芸豆的茎分直立、蔓生和半蔓生三种类型，幼茎多为绿色，少数为浅红色或紫红色，被有短绒毛。蔓生品种茎长 2~3 米，茎较细，主茎分枝少，茎节较多，可达 50~60 节，自第 3~4 节开始旋蔓，需要支架，茎有缠绕性，可顺支架向上自动缠绕生长，气候栽培条件适宜，可无限生长，一般生育期较长。直立品种高 20~60 厘米，节间较短，茎粗壮，主茎分枝较多，直立生长，不需要支架，有限生长习性，生育期较短。半蔓生品种介于直立和蔓生类型之间，随着栽培条件的变化，可以向直立或蔓生类型转变。当土壤肥力高、雨水充足时，半蔓生类型就转变成蔓生类型，植株开始旋蔓，需要支架。

(三) 叶

芸豆叶片包括四部分：

⑴ 子叶，由左右对称的两片组成，乳白色，含丰富的营养物质，供种子萌发和出苗之需，子叶肥大，出土后颜色多为绿色，还有黄绿和紫绿等，能进行光合作用。

⑵ 先出叶，长 1 毫米或更短，似鳞片状，三角形，无叶脊，无托叶和叶枕，主要起保护作用。

⑶ 初生叶，即第一对真叶，左右对生，心脏形。

⑷ 三出复叶，叶柄长 10~25 厘米，具钩状凹槽，少毛。顶部小叶全缘，卵圆形或菱卵圆形，长 8~15 厘米，无腺点，有托叶和叶枕。

这四种叶片中，初生叶和三出复叶为主要的营养叶，先出叶和子叶属叶片的变形。

（四）花

芸豆为总状花序，腋生或顶生，花梗较短，5~8毫米，每一花梗着生2~8朵花。芸豆花为蝶形花，长10~15厘米，其苞片呈卵形，具隆起的脉，龙骨瓣呈卷曲状；翼瓣倒生对称；旗瓣较大，花有白色、乳黄、浅红和紫色。

通常情况下，芸豆自花授粉，少数可异花传粉。花朵开放前，花粉已落到柱头上，完成授粉。开花顺序因类型不同而有差异，直立品种上部花先开放，渐次到下部花，花期20~25天；蔓生品种下部花先开放，由下而上渐次开放，花期30~35天。同一花序基部先开放，渐至先端，每株开花数蔓生品种80~200朵，直立品种30~80朵。开花时间从凌晨2时开始，5~10时为开花盛期，午后开花较少。

（五）荚

芸豆的果实为荚果，荚长3~20厘米，荚宽0.8~1.7厘米，呈扁平形或圆筒形，两瓣裂，沿背腹缝开裂，其构造从外向内依次为外果皮、中果皮、内果皮、内表皮和种子；未成熟时荚多为绿色或黄色，少数为深紫色或红色斑纹等；成熟荚有黄、褐、紫、白及条纹斑点等多种颜色，每荚种子3~15粒，荚内种子间有隔膜。

（六）种子

种子由种皮、子叶、胚三部分组成。种皮硬，光滑，其重量占种子重量的6.6%~9.2%，颜色多样，有白、黄、褐、红、紫、黑、蓝等单色和多种花纹花斑颜色；子叶是被种皮包裹的两片肥厚的豆瓣，呈黄白色，占种子总量的80%以上；胚在种子的基部，位于两片子叶之间，由胚根、胚轴和胚芽组成，胚芽居胚轴顶端，胚根位于胚轴底部。种子大小、形状变化很多，有肾形、卵圆、椭圆、圆形、长方形、扁圆形等多种形状；百粒重10~80克，按百粒重的大小，一般将品种分为小粒种、中粒种和大粒种三种类型；种皮的颜色和籽粒的形状、大小是区别品种的重要特征。

二、生长环境

（一）温度

芸豆喜温暖，不耐霜冻，直立芸豆耐低温能力比蔓生种稍强，一般品种需无霜期 105～120 天。芸豆种子发芽对低温较敏感，低于 10℃几乎不能发芽。一般当土壤 10 厘米处地温稳定在 16℃以上时，8 天左右就有 50%种子发芽；低于 12℃时，发芽所需时间将延长几倍。不同品种之间在低温下的发芽能力也存在差异。芸豆最适宜的发芽温度为 20～25℃，种子发芽后，如果长期处于 11℃以下的低温，幼苗生长缓慢，2～3℃下开始失绿，0℃时受冻，–1℃时死亡。幼苗生长期低于 13℃，根少而短，极少着生根瘤。花芽分化的适宜温度为 20～25℃，高于 30℃或低于 15℃，易产生无发芽力的花粉。花粉发芽适宜温度为 20～25℃，但适宜受精的温度范围较宽，20～40℃范围内均能很好受精。芸豆开花结荚对高温很敏感，35℃时，落花率达 90%，少量花成荚后，多为畸形荚。

（二）光照

芸豆属短日照作物，喜欢阳光充足。日照时间短，阳光足，开花、结荚、成熟时间提前。反之，日照延长，阳光不足，开花、结荚、成熟时间后延，枝叶徒长，甚至不能开花结荚。但是芸豆在幼苗期仍然需要较长和较强的光照。

（三）水分

在全生育期内，芸豆要求比较充足而均匀的水分，适宜的土壤湿度为田间最大持水量的 60%～70%，低于这一指标，根系生长不良。苗期比较耐旱，但土壤相对含水量也不能低于 45%。花芽分化及花粉形成期均为需水临界期，水分亏缺将影响小孢子的正常分裂及碳水化合物的新陈代谢，致使花药内含物分解，花粉畸形、不孕或死亡，开花结荚量少，减产至少 20%；相反，如果雨水过多，空气湿度大，花粉不能破裂发芽，同样影响受精成荚。同时，土壤积水，根系缺氧，叶片黄化，光合作用下降，落花落荚增多。结荚成熟期，以晴朗天气为好，雨水太多，将易发病害，不能及时收获，籽粒易在植株上发芽，影响种子质量和产量。

(四) 土壤

芸豆能在大部分类型的土壤中生长。从轻沙壤到黏土都能种植芸豆，但以富含腐殖质、土层深厚、排水良好的土壤为宜，因为这种土壤最适宜根系生长和根瘤菌活动。重黏土和低洼地，排水和通气不良，影响根的吸收，且易发炭疽病。芸豆要求土壤 pH 值以 6.0～6.8 为宜，低于 5.2，易发生锰中毒，植株矮化，叶片失绿并皱缩；pH 值高于 7.0，土壤易缺锰，植株生长缓慢，叶片褪绿。芸豆耐盐能力比较弱，土壤溶液含盐量过高，植株生长不良，芸豆尤其不耐含氧化钠的盐碱土。根瘤菌适宜于中性或微酸性土壤。

(五) 养分

芸豆一般对氮、磷、钾和钙有较大的需求量，镁、铜、铁、锰、锌、钼和硼等微量元素对芸豆的生长发育也是必需的。在一般类型的土壤中，除了氮、磷、钾三大主要元素外，其他元素不常亏缺。不过在石灰性土壤中，易缺锌，叶片喷锌，能增产 15%～20%。开花结荚期为吸收氮和钾的高峰期，此时茎叶中的氮钾也将随着生长中心的变化，逐渐向荚果中转移，转移比率分别为 24%和 40%，磷的需要量较氮钾少，但缺磷将严重影响芸豆的生殖生长，并且磷从茎叶转移到荚果的比例也较低。所以，各生育阶段除满足氮外，施用磷也非常重要。另外，荚果生长时，要吸收较多的钙，酸性土壤上种植芸豆，应施用一定量的石灰。

第三节　芸豆品种

一、引进品种

(一) 英国红芸豆

品种来源：20 世纪 80 年代初，通过中国食品土畜进出口商会豆类分会引进，经山西省农业科学院提纯复壮。特征特性：中熟，直立类型，春播生育期110天，夏播90天，株高40~45厘米，单株结荚20~25个，荚长10~12厘米，荚粒数3~4粒，主茎分枝2~4个，籽粒宽肾形，红色，百粒重50~54克，籽粒粗脂肪含量1.55%，粗蛋白质含量23.07%，粗淀粉含量48.93%。667米^{2}产量116~150千克。该品种耐肥性好，抗倒伏，抗病性强，适应性广，产量高，品质优良。适宜山西省中北部地区中上水肥地种植或南部地区复播种植。

（二）长奶花芸豆

品种来源：20世纪90年代初，通过中国食品土畜进出口商会豆类分会引进。特征特性：中晚熟、半蔓生类型，生育期96~101天，株高60~90厘米，主茎分枝3~4个，主茎节数9~11节。单株荚数14~16个，荚长10~11厘米，荚粒数3~4粒。籽粒紫底黄纹，浅凹陷肾形；种脐白色，椭圆形，脐环褐色。百粒重50~52克，籽粒粗脂肪含量1.68%，粗蛋白质含量20.29%，粗淀粉含量50.22%。平均667米^{2}产140千克。适宜山西各地种植。

（三）圆奶花芸豆

品种来源：20世纪90年代初，通过中国食品土畜进出口商会豆类分会引进。中晚熟、半蔓生类型，生育期104天，株高78~83厘米，主茎分枝4~5个，主茎节数11~12节。单株荚数13~19个，荚长8~9厘米，荚粒数3~4粒。籽粒黄底紫纹，椭圆形；种脐白色，椭圆形，脐环褐色。百粒重48~56克，籽粒粗脂肪含量1.63%，粗蛋白质含量20.51%，粗淀粉含量52.44%。平均667米^{2}产120千克。适宜山西等地种植。

（四）小红芸豆

品种来源：20世纪90年代初，通过中国食品土畜进出口商会豆类分会引进。特征特性：中熟、半蔓生类型，生育期98天，株高90~95厘米，主茎分枝3~4个，主茎节数11~12节。单株荚数10~11个，荚长9~10厘米，荚粒数4~5粒。籽粒紫红色，扁圆形；种脐白色。百粒重37~38克，籽粒粗脂肪含量2.04%，粗蛋白质含量23.35%，粗淀粉含量47.99%。平均667米^{2}产120千克，最高667米^{2}产达217千克。适宜山西等地种植。

（五）黄芸豆

品种来源：20世纪90年代初，通过中国食品土畜进出口商会豆类分会引进。中早熟、直立类型，生育期89~91天，株高30厘米，主茎分枝3~4个，主茎节数5~7节。单株荚数11~14个，荚长8~10厘米，荚粒数3~4粒。籽粒黄色，卵圆形；种脐白色，椭圆形，脐环褐色。百粒重37~38克，籽粒粗脂肪含量1.78%，粗蛋白质含量22.15%，粗淀粉含量51.11%。平均667米^{2}产84.6千克。适宜山西等地种植。

（六）小黑芸豆

品种来源：20世纪90年代初，通过中国食品土畜进出口商会豆类分会引进。中熟、直立类型，生育期92~97天，株高50~53厘米，主茎分枝4~5个，主茎节数10~11节。单株荚数20~27个，荚长8~9厘米，荚粒数5~6粒。籽粒黑色，卵圆形；种脐白色。百粒重21~22克，籽粒粗脂肪含量3.02%，粗蛋白质含量23.44%，粗淀粉含量40.90%。平均667米^{2}产150千克。适宜山西等地种植。

二、选育品种

（一）品芸1号

品种来源：中国农业科学院作物科学研究所从国外芸豆品种中系统选育而成，定名为“品芸1号”。特征特性：早熟品种，春播生育期85~90天。有限结荚习性，直立生长。幼茎嫩绿色，株高50~55厘米，分枝3~6个，叶片卵圆形，花白色。单株结荚20~25个，硬荚，单荚粒数5~6粒，荚长6.6厘米，短圆棍形，成熟荚黄白色。籽粒椭圆形，种皮白色有光泽，白脐，百粒重20克左右。干籽粒蛋白质含量22.65%，淀粉含量40.43%，脂肪含量1.5%。适宜山西各地种植。

（二）品芸2号

品种来源：中国农业科学院作物科学研究所从国际热带农业研究中心（CIAT）“Ex-RICO-23”芸豆中系统选育而成，定名为“品芸2号”。特征特性：半蔓生类型，生育期90天左右。株高40~60厘米，分枝3~6

个，单株结荚 20 个左右，单荚粒数 7.2 粒，荚长约 10 厘米，荚宽 1.2 厘米，剑形，成熟荚黄白色。籽粒白色，椭圆形，百粒重 18～22 克。干籽粒蛋白质含量 20.70%～29.10%，淀粉含量 50%，脂肪含量 1.5%。平均 667 米^{2}产 100～150 千克。抗病毒病、根腐病，抗逆性强，耐旱、耐涝。适宜山西等地种植。

（三）品芸优资 4338

品种来源：中国农业科学院作物科学研究所从国外引进品种"SEQ1012"中系统选育而成。特征特性：有限结荚习性，株形紧凑，直立生长。晚熟品种，夏播生育期 103 天左右。株高 66 厘米左右，分枝 5～6 个，单株结荚 9～10 个，单荚粒数 7.2 粒，荚长约 8.4 厘米，短扁条形，成熟荚黄色。籽粒肾形，种皮红色有光泽，白脐，百粒重 40.5 克。干籽粒蛋白质含量 24.74%，淀粉含量 43.70%。抗病。平均 667 米^{2}产 110 千克，适宜山西等地种植。

（四）品金芸 3 号

品种来源：山西省农业科学院品种资源研究所用美国红芸豆经钴-60 辐射诱变处理系选而成。特征特性：生育期 84 天，中早熟品种。田间植株生长整齐，生长势强，直立生长，幼茎绿色有绒毛，主茎节数 14 节，株高 42 厘米，主茎分枝数 4.2 个，叶片较大，卵圆形，花白色。荚扁条形，荚长 12.6 厘米，荚宽 1.1 厘米，成熟荚白色，单株荚数 20.2 个，单荚粒数 5.1 个，籽粒肾形，百粒重 45.6 克，种皮红色。抗旱性好，抗寒性一般，适应性好，抗炭疽病。2012 年经农业部谷物品质监督检验测试中心检测，粗蛋白含量 23.19%，粗脂肪含量 1.40%，灰分含量 3.47%，水分含量 9.4%。2011—2012 年参加山西省芸豆新品种区域试验，两年平均 667 米^{2}产 155 千克，比对照英国红芸豆平均增产 11.3%。适宜在山西及相似生态区域种植。

第四节 芸豆栽培技术

一、种植方式

芸豆不宜采用连作或重茬的方式，前茬作物一般要求为糜子、谷子和马铃薯等，实行 2～3 年轮作。种植方式除单作外，还可与多种大田作物、果树进行间套作。间套作可以充分利用两种作物的生物学特性，充分发挥田间边际效应，最大限度地利用生物空间和光照。通过优良品种的搭配和优化种植，能减轻病虫害和农药施用量，可有效利用土壤不同层次的养分，提高单位面积产量、产值以及土地产出率，是优化作物结构，促进农民增收、农业增效的有效途径。一般在不影响主作物产量的情况下，每 667 米 ^{2} 可增收芸豆籽粒 25～50 千克。下面介绍几种常见的间套种植方式：

（一）芸豆、玉米间作种植

以生产玉米为主的方式有：两行玉米间作一行芸豆，或一行玉米间作一行芸豆，或三行玉米间作两行芸豆等种植形式；兼顾玉米和芸豆产量的方式有两行玉米间作三行芸豆，或两行玉米间作四行芸豆，或三行玉米间作四行芸豆等种植形式。

（二）芸豆、向日葵间作种植

常见的方式有：一行向日葵间作一行芸豆，或两行向日葵间作一行芸豆，向日葵产量不减少，多收芸豆籽粒。

（三）芸豆、马铃薯套种

种植方式应根据海拔高低、土壤肥力条件、产量指标等情况而定，土壤肥力高的田块种植密度应低些，土壤肥力低的田块种植密度应高些，种植比为 2∶2，即 2 行芸豆间作 2 垄马铃薯，或种植比为 3∶2，即 3 行芸豆间作 2 垄马铃薯。芸豆的种植行距为 80 厘米，株距为 20～40 厘米；马铃薯以高垄密植为主，种植行距 80 厘米，株距为 20 厘米。

（四）芸豆、果树套种

在幼龄果树行里套种 4～6 行芸豆，利用果树行里的空间，增加芸豆的产量。

（五）芸豆、棉花间作

棉花宽窄行种植，大行距 100 厘米，小行距 40 厘米，株距 26.5 厘米。在棉花大行内种 3 行芸豆，行距 20 厘米，穴距 20 厘米，一穴双株或多株 。

二、地块选择与处理

芸豆耐瘠薄，对土质要求不严，适宜土质疏松的黄土性土壤，土壤的 pH 值控制在 6.0～7.5。早熟品种选择土层深厚，排水良好的沙壤土；晚熟品种选择有机质含量高，土层深厚的黏土。芸豆以伏秋整地最好，翻地深度 25 厘米。第二年春季进行浅耕细耙，结合耕地每 667 米^{2}施农家肥 2000 千克，碳铵 20 千克，过磷酸钙 20～25 千克，硫酸钾或氯化钾 5～6 千克作基肥，芸豆的根瘤不如其他豆类作物发达，因此，要多施基肥，特别是磷、钾肥，然后平整土地，消灭地表坷垃，创造一个良好的耕层。若春季起平要化冻 10 厘米以上，深翻深度 20 厘米，压实保墒，达到田间无明显土块和根茬，上虚下实，地块平整。

芸豆为双子叶植物，子叶肥大且出土，顶土能力较弱，若土壤较为板结或整地的质量比较差，易发生缺苗，影响芸豆的出苗。在对土壤进行整理时应施好底肥，保证一次性施足。播种前为了防止幼苗被地下害虫为害，要及时对土壤进行药剂处理。

三、播种

（一）播前准备

芸豆要获得高产，应因地制宜地选择品种。为了提高芸豆的出苗率，应保证种子发芽率在 85%以上。种子的纯度一般要求达到 98%以上。品种选好后，在播种前要及时对种子进行处理，一要对种子精选，对于一些异色粒、秕病和虫粒要剔除，尽量选择籽粒饱满、颗粒大小均匀、颜色一致的种子。二要播种前在日光下将选好的种子曝晒 1～2 天，这样不仅有助于种子活力的提高，还可以增强发芽势。三要在播种前选择合适的拌种剂对种子进行处理，可选择 35%多克福种衣剂对种子进行包衣，也可以选择芸豆根瘤菌对种子拌种，可提高芸豆产量。为了防止根腐病（立枯病）的发生，可用 50%多菌灵杀菌剂 300～400 克拌种子 100 千克进行处理。

（二）播期选择

芸豆为喜温作物，播种期应在晚霜过后，一般要求地温稳定在 10℃以上。过早种植，出苗缓慢，养分消耗大，幼苗生长势弱，还易导致病虫害发生和种子霉烂；如果播种过晚，则会出现贪青、霜前不能正常成熟等情况，从而降低产量，影响商品质量。早熟品种可以适当晚播，晚熟品种可适当早播；并调节播期，使盛花期错开高温季节，避免落花落荚，影响籽粒产量。墒好时，结合春翻施肥整地抢墒播种，墒情不好时，春翻整地后等雨播种或雨后春翻整地播种。

（三）播种方法

一般采用条播或穴播种植，直立品种行距 50 厘米，穴距 30 厘米，每穴 4～6 粒种子；蔓生品种行距 70 厘米左右，穴距 25 厘米，每穴播种 3～5 粒种子。播种深度以 4～6 厘米为宜。播种量要根据百粒重的大小而定，百粒重小于 30 克的每 667 米^{2}播种量为 5 千克；百粒重大于 50 克的每 667 米^{2}播种量为 8 千克。

如果条件允许，建议进行地膜覆盖。可采用玉米覆膜机经适当调整排种器和行距，进行覆膜播种，施肥、覆膜、播种一次完成。采用宽度 60～65 厘米的地膜，膜要铺平、铺正、拉紧、压严、压实，紧贴地面，做到不跑温，不漏气，风扯不起，草顶不动，压土时不可压的太宽，采光面宽不得少于 40 厘米。采用宽窄行穴播，宽行 60 厘米，窄行 35 厘米，穴距 21～23 厘米，每穴 3～5 粒种子，播深 4～5 厘米。每 667 米^{2}播种量控制在 6～8 千克，确保全苗。

地膜覆盖机具操作要点：

(1) 将整机与小四轮拖拉机三点悬挂连接，检查调整各部位润滑、紧固、转动等状态至正常。

(2) 检查种子箱内无异物后，添加种子。更换新的品种时，将排种器插板拉开，倒出剩余种子后，重新添加。

(3) 将清除杂物后无板结的颗粒肥料加入肥料箱。

(4) 将膜卷装在膜杆上，装入膜卷架上，调整好松紧度。

(5) 改变覆土圆盘的深度和角度，以调整覆土量。

(6) 调整开沟铲的水平位置得到合适的播种行距。

(7) 将机组对准作业位置，将地膜从膜辊上拉下，把膜头用土压住，起步作业。起步、起落应缓慢，前进速度均匀，作业中不得拐弯，倒退，随时检查各部位工作状态，发现异常及时停机处理。

四、苗期管理

芸豆苗期的管理以壮根为主，控制水分适当蹲苗，措施以中耕除草保墒为主，第一复叶出现时进行间苗，留苗密度要根据品种特点和当地生产条件来决定。直立类型品种每穴留苗 3～4 株，蔓生类型的品种每穴留苗 2～3 株，一般不需要定苗，芸豆植株喜群居生长，留单苗反而不利于植株生长。早熟直立类型品种可适当密植，晚熟蔓生类型品种应疏植；贫瘠土壤适当密植，肥沃土壤应稀植；耐贫瘠品种应密植，喜肥水品种应稀植；分枝少的品种宜密植，分枝多的品种宜稀植。一般早熟直立类型品种密度为每 667 米^2 留苗 12000～15000 株，晚熟蔓生类型品种密度为每 667 米^2 留苗 8000～10000 株。当蔓生类型品种株高长到 40～50 厘米时需进行搭架。搭架时架杆需离植株 10 厘米左右，以免伤根。芸豆如果与其他作物如玉米、高粱、向日葵等进行混种、间种或套种，可借助玉米、高粱或向日葵的茎为支架。中耕需进行 3～4 次，第一次中耕在间苗时进行，要细锄慢锄，既可以防止土壤水分蒸发，又可以防止杂草与幼苗争肥、争光；植株 3～4 片复叶时，进行第二次中耕，并结合进行培土；封垄或搭架前进行最后一次中耕。中耕除草一定要在芸豆开花前结束，避免损伤花荚。生育后期应加强田间管理，及时拔除地里的杂草，避免因草荒而影响芸豆的生长发育，造成减产。

苗前期以保墒为主，一般不需要太多水分。如果水分太多且气温偏低，会影响根系发育，易感染病害。若天气干旱，土壤绝对含水量低于

10%时，有条件的地方应该浇1次小水，浇水后及时中耕，以免土壤板结。雨水过多造成田间积水，对芸豆生长不利，应及时开沟排水。苗期一般不需要灌水，否则茎叶生长过旺。

五、花荚期管理

蔓生芸豆在抽蔓后，浅浇一次，然后搭架引蔓，嫩荚坐住后，豆荚开始肥大、伸长时进行第二次浇水，结合浇水每667米^{2}追施硝铵10～15千克。直立芸豆在初荚期和盛荚期浇水两次，第一次浇水结合追肥每667米^{2}施硝铵或尿素10～15千克。田间杂草应用手拔除，切忌中耕，以免伤害植株，碰落幼花幼荚。

六、适时收获

芸豆有炸荚现象，为了保证芸豆的商品质量，关键要掌握好收获的适当时间，一般在豆荚皮变黄、脱水后、豆叶开始脱落时进行收获较为合适。蔓生品种需多次采收，尤其是早熟及白粒品种，如遇连阴雨天气，种子易在荚内变色或发芽霉烂，降低田间产量，影响籽粒的商品质量。收获宜在晴天的早晚进行，收获后应在田间放置3～5天，然后晒干脱粒。脱粒可采用人工打场方式进行，要防止过度碾压而造成的籽粒破损。脱粒后的芸豆不能在太阳光下曝晒，曝晒的芸豆易空心和色泽变暗，降低商品质量。

七、贮藏

干燥后的种子在进库贮藏前，要进行清洗和分级，带病带虫种子不能进库。芸豆种子进库前要用磷化铝熏蒸，如果仓库容积较小，又能密封，在库中熏蒸即可；如果仓库较大，应分批熏蒸后再入库。贮藏种子允许的含水量，因各地气候条件不同而有所变化。山西干旱少雨，库中通风良好，种子含水量在14%以下及时入库贮藏。常温下2～3年种子发芽率能够保持在85%以上。

第五节 芸豆主要病虫害防治

病害主要有细菌性晕疫病、根腐病、炭疽病和病毒病等。虫害有蚜虫、红蜘蛛、豆荚螟和地老虎等。坚持“预防为主、综合防治，农业防治、物理防治和生物防治为主，化学防治为辅”的原则。农业防治可实行两年以上轮作，选用抗病、抗虫品种。物理防治可设防护网，露地铺银灰地膜或挂颜色条膜驱蚜，设置频振式杀虫灯诱杀害虫。

一、病害及防治

（一）细菌性晕疫病

主要侵害叶片，初在上部叶片或新生叶上出现不规则水浸状斑点，后在斑周围出现直径 0.5～1.0 厘米的晕圈，斑上常有菌脓溢出；叶脉染病致叶脉坏死，易穿孔或皱缩畸形；果荚染病初现水浸状斑点，后变褐干缩下陷，病斑中央枯死点小，但周围晕圈宽。该病主要通过种子传播。有报道种子带菌率 0.02%，就可造成该病流行。生长期内该病主要通过气孔或机械伤口侵入，有时能造成系统侵染。冷凉、潮湿地区易发病，在 16～20℃较低温度下，潜育期 2～3 天，且症状典型。在 28～32℃高温条件下，潜育期长达 6～10 天，病状轻微，晕圈消失，但寄主内病原菌数量较多。

防治方法

(1) 防止种子带菌：芸豆不同品种具明显抗性差异，应选育种植抗病品种。严格检疫，防止种子带菌传播蔓延。

(2) 化学防治：发病初期，喷洒 72%农用硫酸链霉素可溶性粉剂，或新植霉素 4000 倍液，或 50%琥胶肥酸铜可湿性粉剂 500 倍液，或 12%绿乳铜乳油 500 倍液，隔 7～10 天喷一次，防治 1~2 次。

（二）根腐病

此病多发生在夏季多雨地区及排水不良、下湿地、黏土地和连作地上，从幼苗到收获期均可发病，一般早期症状不明显，开花结荚以后症状才逐渐明显，病株下部叶片黄化，边缘有黑色枯斑，侧根逐渐枯死；受害严重的地块，引起成片死亡。

防治方法

(1) 农业防治：发病地块实行 3～4 年轮作，及时清除病株残体，加以烧毁。

(2) 化学防治：发病初期，用甲基托布津可湿性粉剂喷洒植株基部。定植时可用甲基托布津或多菌灵配成药土施于穴中，每 667 米^{2}用药 15～20 千克，加 50 倍细土配制。

（三）炭疽病

在湿度大、气温低的条件下，易发生炭疽病。主要症状为叶片出现锈色或略呈紫色的病斑，并逐渐变为黑褐色，叶柄和叶脉底面症状尤为明显。茎上病斑完全成黑色。荚上病斑开始较小，但数目很多，呈棕红色，病斑中间有略呈圆形、边缘为暗红色的晕圈，之后病斑渐大，最终直径可达 6 毫米。

防治方法

(1) 农业防治：选用抗病品种；实行 2 年以上的轮作。

(2) 化学防治：用无病种子或咪酰胺（使用浓度为 200～400 毫克有效成分/升）+适时乐（600～800 毫升/100 千克种子）拌种防治。开花后，发病初期可喷洒 600 倍炭疽福镁进行预防，发病后期可用施保功喷洒整个植株，包括叶片，豆荚等，要喷洒均匀，每隔 7～10 天喷一次，连续防治 2～3 次。

（四）普通花叶病毒病

不同芸豆品种对这一病毒反应差异极大，有些品种基本不出现症状，发病初期，叶片皱缩褪绿及变硬，并出现各种类型的花叶，病叶上的深绿斑块形成疱斑，叶片变小；这类病毒往往由种子带毒，田间主要由蚜虫传播病毒。

防治方法

主要为选用抗病品种，从无病植株上留种，及早防治蚜虫等措施。

（五）黄花叶病毒病

发病初期幼梢变脆，第三、四片真叶出现黄色与深绿色的花叶，没有疱斑，叶缘下卷明显，叶面稍微粗糙，植株出现矮缩及丛缩现象，症状比普通花叶病严重，对产量的影响也较大。

防治方法

同普通花叶病。

二、虫害及防治

（一）蚜虫

主要是豆蚜为害。在幼苗期，蚜虫开始迁入，并在心叶和幼嫩叶片背后为害。受害后叶片卷缩，植株矮小，影响开花结荚。一般苗期重，中后期较轻。

防治方法

蚜虫发生初期，用40%乐果乳剂1000~1500倍液，或50%马拉硫磷1000倍液或50%杀螟松1000倍液，或氧化乐果2000倍液喷雾防治。

（二）红蜘蛛

又名棉红蜘蛛。干旱少雨是红蜘蛛发生猖獗的主导因素，一般在芸豆的中后期为害严重，以成虫、幼虫和若虫群集在叶片背面吸食汁液。受害的叶片叶面上出现黄白斑点，随后转为红色斑块，叶背为黄红色，叶片皱缩，以后扩展至全叶变成褐色，像火烧一样，干枯脱落。红蜘蛛繁殖快，危害大，如不及时防治，就会造成毁灭性的损失。

防治方法

用25%杀虫脒水剂400倍液，或20%三氯杀螨醇乳剂1000倍液，或20%三氯杀螨砜可湿性粉剂600倍液，或40%乐果乳剂1000倍液喷雾防治。

（三）豆荚螟

豆荚螟蛀食豆粒和嫩荚，湿度低时，虫害发生严重。初荚期为害，豆荚干秕，不结籽粒；鼓粒期为害，籽粒被食尽或破碎，影响籽粒产量和品质。

防治方法

用40%异丙磷乳剂1000倍液，或50%杀螟松乳剂1000倍液，或敌杀死乳剂6000倍液喷雾防治。

（四）地老虎

幼虫啃食苗根，使幼苗死亡，造成缺苗断垄。在高寒冷凉地区，一年发生2~3代，以第一代幼虫为害最重。成虫，夜间活动，喜糖蜜，有趋光性，迁飞能力很强，多趋向在杂草上产卵，一头雌蛾产卵千粒左右，卵粒分散或数粒集成一小块排成一条线。卵经过5~7天孵化。

防治方法

将切碎的菜叶在1000倍的48%乐斯本溶液或50%辛硫磷乳油、53%农地乐乳油中浸泡半小时，然后于傍晚撒在种植地中。

第六节 芸豆的综合利用

一、保健功效

（一）性味

芸豆除有良好的营养价值外，还具有食补和药补的作用。芸豆籽粒可入药，性味甘平，有滋补、解热、利尿、消肿的功效，对治疗水肿和脚气病有特殊疗效。

（二）主治与功效

芸豆含有皂苷、尿毒酶和球蛋白等独特成分，具有提高人体免疫力，增强抗病的能力，激活淋巴T细胞，促进脱氧核糖核酸的合成等功能，对肿瘤细胞扩散有抑制作用，因而受到医学界的重视，其所含尿素酶应用于肝昏迷患者效果很好。皂苷类物质还可以促进脂肪代谢，可以提高肌肤的新陈代谢，促进机体排毒，延缓衰老，还可增加头发营养。

芸豆嫩荚和籽粒中还含有植物血细胞凝集素，是一种糖蛋白，有凝集人体细胞、刺激淋巴细胞胚形转化，抑制白细胞、淋巴细胞转移等作用，与抗癌药同用，常能使原先失效的化学药物恢复疗效，且能帮助其他抗癌药更好地进入癌细胞而发挥药效，因此，在配合肿瘤治疗中，可提供化学疗法和放射疗法无法代替的功效。

芸豆还是一种难得的高钾、高镁、低钠食品，每 100 克干籽粒中含钾 1520 毫克，镁 193.5 毫克，钠仅为 0.8 毫克，这个特点在食疗上也大有用武之地，尤其适合心脏病、动脉硬化、高血脂、低血钾症和忌盐患者食用。

芸豆具有镇静作用，对治疗胃寒呕吐、跌打损伤、喘息咳嗽等也有一定的功效。芸豆蛋白质含量高于鸡肉，尤其适合老年人和女性食用。

二、常见食疗

（一）杜仲芸豆粥

材料：芸豆 100 克，杜仲、补骨脂各 10 克，粳米 150 克，姜丝、葱末、精盐、味精、香油各适量。

制作方法：将芸豆洗干净，用清水浸软。粳米淘洗干净备用。将杜仲、补骨脂洗净放入砂锅内，加水煮沸 1 小时，去渣留汁，加入芸豆、粳米、姜丝、葱末、精盐，大火烧沸，改用文火煮为稀粥，加入味精，淋入香油即成。每日 1 剂。

功效：补肾健脾、壮阳，适用于肾阳虚所致的腰疼。

（二）芸豆饭

材料：芸豆 50 ~ 100 克，粳米 100 ~ 150 克。

制作方法：将芸豆、粳米加水，如常法煮饭，可加油盐适量调味，随意食用。

功效：补肾健脾、消肿，适用于脾虚水肿、脚气病、小儿病后脾胃虚弱等病症。

（三）炼乳芸豆

材料：芸豆、炼乳、白糖、蜂蜜。

做法：芸豆用水泡涨，放入锅中，加适量水、白糖、蜂蜜煮烂。把煮好的芸豆放入容器内，吃时蘸少许炼乳即可。

功效：防治骨质疏松症。

（四）黑米芸豆大枣粥

材料：芸豆 50 克，黑米 120 克，大枣 50 克。

制作方法：将芸豆、黑米淘洗干净，加足清水浸泡 1 天。加入大枣一起煮沸，转文火再煮 30 分钟，煮到黑米软糯、芸豆酥烂、粥浓而稠时即可。饮用时可将粥温度将至 80℃左右，加少量蜂蜜增加口感。

功效：健康暖胃、美容补血。

三、风味食品

（一）芸豆卷

制作方法：芸豆卷要用白芸豆破碎去皮，放在盆里用开水浸泡一夜，将豆皮泡出去净，再用温水淘净。将淘净的芸豆瓣放入开水里煮，加一些碱，煮 1 个小时后，用漏勺捞出，用布包好，上屉蒸 20 分钟，掏出过箩。将碎瓣擦成泥，再用箩过滤成小细丝。将芸豆丝倒在干净的湿布上，隔着布搓揉成细泥，用一块干净的湿白布平铺在案板上，将芸豆泥搓成 3～5 厘米的细条，放在湿白布上压成片，用光滑的刀面反复地抹，直至芸豆条抹成 0.1 厘米厚、15 厘米长、6 厘米宽的长方形薄片，然后抹上一层细豆沙馅，顺着湿布从长的边沿两面卷起，用双手隔着布轻轻捏一下，压一下，使它略微黏在一起，不再分开，切齐两边，再切成 2 厘米的段即可。

（二）五香芸豆

制作方法：用八角、桂皮、香叶、花椒、丁香等香料做成香料包，再加盐、味精、糖、料酒、葱、姜和水调成浓汁，把芸豆放入其中泡一夜。用原汤加水煮 30 分钟后捞出盛盘即可。

（三）梅香芸豆

原料：梅子、白芸豆、白糖（250 克芸豆要十多个梅子，可根据个人喜酸程度而定）。

制作方法：芸豆泡 2～3 小时，梅子用开水泡 15 分钟，把泡梅子的水和芸豆一起上高压锅煮。煮芸豆时，可将梅子去核肉切碎。等到芸豆八分熟时，将梅肉放进去一起煮至芸豆变软（喜甜的可加点糖），大火收干汁即可。

（四）肉末海参烧芸豆

原料：肉末100克、活海参2只、芸豆450克、葱、姜少许、酱油、甜面酱、味精、砂糖、胡椒。

制作方法：将活海参宰杀入高压锅压熟后切丁，将芸豆也切丁状入油锅滑熟，将肉末、葱、姜、甜面酱入锅中煸香后加海参、芸豆一同烧熟后，用水淀粉勾芡即可。

（五）芸豆凉糕

原料：芸豆、花生碎 、炒芝麻、青红丝、豆沙馅、草莓酱、蜂蜜、红酒。

制作方法：芸豆泡软，去皮、下锅煮熟，过细箩成芸豆茸，晾凉；取小碗，垫上一层芸豆茸，抹上一层细豆沙，再盖上一层芸豆茸将碗填平，然后将碗扣在盘子上，浇上用草莓酱、蜂蜜、葡萄酒调成的汁，最后再撒上花生碎、炒芝麻、青红丝即可。

（六）海米烧芸豆

原料：嫩芸豆荚500克、水发海米25克、葱姜共15克、酱油30克、味精1克、清汤200克、水淀粉30克、花生油750克（约耗50克）、花椒油5克、八角1粒。

制作方法：将芸豆摘去蒂、筋、洗净，用手掰成5厘米长的段，葱姜洗净切成片；炒勺内放入花生油，烧至八成热，将芸豆下入油内，炸至芸豆回软时捞出；炒勺内放入花生油25克，烧至五成热时放入葱姜片、八角、海米炝锅，炸出香味时，烹入酱油、清汤、料酒，放入芸豆，盖上盖，用中小火烧至芸豆入味熟烂时，将勺移至旺火上，用水淀粉勾芡，加入味精，淋上花椒油，拌匀出勺即可。

第四章　豌　豆

第一节　概　述

豌豆又名雪豆、麦豆、荷兰豆等，因茎秆具有攀缘性而得名，是春播一年生或秋播越年生草本植物。属长日性冷季豆类，出苗时子叶留土。豌豆起源于亚洲西部、地中海地区、埃塞俄比亚和小亚细亚西部、外高加索地区。豌豆驯化栽培的历史与大麦和小麦一样悠久，至少在 6000 年以上。我国的豌豆种植主要分布在青海、四川、河南、新疆、甘肃及山西等地区，其中豌豆中的青豌豆主要产于大、中城市。

2011 年，全世界共有 97 个国家生产干豌豆，栽培面积和总产量分别达到了 621.427 万公顷和 955.818 万吨，中国的干豌豆栽培面积占全世界的 15.13%，总产量占全世界的 12.45%，是干豌豆生产第二大国，在世界豌豆生产中占有非常重要的地位。现在，我国的豌豆平均单产量仅有 1200.5 千克/公顷，一些主产区，如青海、甘肃、云南等地区，豌豆的选种及其栽培技术比较成熟，单产量可以达到 3750.3～5250.6 千克/公顷。甘肃省张掖市种植的豌豆品种是中国农业科学院从国外引进的A404，其产量可以达到 3000.2～3750.7 千克/公顷；甘肃省的武威地区从法国地区引进了一种针叶的豌豆品种，并在当地示范性的推广，平均产量可以达到 6000 千克/公顷；由此可见，我国豌豆还具有较大的增产潜力。

豌豆是我国重要的食用豆类之一，是具有粮食、蔬菜、饲料和医药等多种用途的作物。豌豆是传统、天然的食品原料。豌豆中蛋白质和碳水化合物含量高，不溶性膳食纤维含量相对高，脂肪含量低。淀粉和粗蛋白的平均含量分别约为 440 克/千克和 225克/千克干物质。整粒豌豆中膳食纤维含量约为 63克/千克干物质，总游离糖、棉籽糖、水苏糖和毛蕊糖含量分别为 10~24克/千克干物质，油酸和亚油酸是其主要脂肪酸。豌豆还是矿物质和水溶性维生素的良好来源，而且其富含 B 族维生素。据报道，轻度去壳豌豆中膳食纤维含量为 63 克/千克，其中 34%是可溶性纤维。通常，这类植物种子中的细胞壁多糖主要有果胶物质、纤维素、木葡聚糖和糖蛋白。黏性可溶多糖，如果胶物质，被认为对人体碳水化合物和脂类代谢有益，可改善葡萄糖耐量、增加回肠脂肪和胆汁酸分泌以及降低血脂。豌豆纤维可降低人体空腹和餐后血浆甘油三酯水平，甘油三酯是已知的心血管疾病的危险因素。除了预防非胰岛素依赖性糖尿病，豌豆纤维还有预防心血管疾病的潜在用途。

山西豌豆种植面积 4 万~5 万公顷，分布在晋西北干旱、冷凉丘陵山区及类似生态区，主要包括大同、朔州、忻州和吕梁，产量占全省总产量的 80%以上，此外，太原及晋中的部分县也有种植。一般单产在 1700~2000 千克/公顷。

第二节　豌豆的特征特性及生长环境

一、特征特性

（一）根与根瘤

豌豆的根系为直根系，初生根入土较深，其上着生大量的细长侧根。侧根主要集中在水分供应良好、结构疏松、透气性好的土壤耕作层（20 厘米）以内。豌豆初生主根和侧根在第一片真叶张开之前就已经发育得很好。幼苗期根的伸展时快时慢。在花原基开始形成时，根的生长速度达到最大，此后急剧降低。所有侧根上都生长着稠而纤细的三次根。豌豆根系一生中都保持着较强的吸收功能，吸收难溶性无机盐的能力也较强。豌豆根瘤肾形，有时数个根瘤聚集成花瓣状。主根着生根瘤多，侧根着生根瘤少，而且多集中在近地表部分的根上。根系内的共生根瘤菌有很强的固氮能力，为豌豆本身及其后作提供可吸收利用的氮素。初生根和较老根系上的根瘤，是利用了子叶的储存物作能量而生成的。而后形成的根瘤则利用了豌豆植株本身的光合产物进行生长发育。根瘤的形成和发育与土壤理化性质密切相关，一般在土壤疏松、结构良好、肥水适宜的条件下，根瘤的形成和发育也比较好。

（二）茎

豌豆的茎为草质茎，通常由四根主轴维管束组成，外观呈圆形或方形轮廓，细软多汁，中空，质脆易折，呈绿色或黄绿色，少数茎上有花青素沉积，表面光滑无毛，多被以白色蜡粉。在茎的四丛维管束中，两丛只含韧皮部和纤维，与叶柄相连；另两丛既含木质部又含韧皮部纤维，与托叶相连。豌豆茎上有节，节是叶柄的着生处，也是花荚和分枝的着生处，一般早生矮秆品种节数较少，晚熟高秆品种节数较多；节与节之间的距离称为节间，节间一般长为4.0~6.5厘米。豌豆茎的下半部分呈正常状态，上半部分膨大扁化。豌豆株高因品种不同有很大差异，可分为矮生型（15~90厘米），中间型（90~150厘米）和高大型（150厘米以上）三种类型。矮生型多为早熟和中熟品种，高大型多为中熟和晚熟品种。茎基部产生分枝，通常矮生类型只产生几条分枝，另外两种则分枝较多。根据茎的生长习性不同，栽培豌豆植株又分为直立、半直立（半匍匐）和匍匐3种。豌豆营养节节间较短，生长节节间较长。

（三）叶

标准基因型豌豆的叶片是偶数羽状复叶。复叶互生，每片复叶有叶柄和1~3对小叶组成。顶端常有1至数条单独或有分叉的卷须；叶梗基部两侧各着生一片托叶。在个体发育中，复叶经历1对小叶、2对小叶和3对小叶的阶段。茎中间结尾复叶上的小叶数较多。主茎基部的第一、第二节不生复叶，而生三裂的小苞叶。复叶的叶面积通常自基部向上逐渐增大，至第一花节处达到最大，而后随节数增加而逐渐减小。复叶上小叶的排列方式有对生、互生和亚互生几种。小叶形状呈卵圆、椭圆形，极少数为菱形托叶呈心脏形。多数品种的小叶叶缘有锯齿状缺刻，极少数品种的叶缘全缘；托叶下部有锯齿状缺刻。

豌豆叶片表面通常附着一层蜡质，呈浅灰绿色。极少数豌豆类型没有蜡质层，茎、叶和叶柄都成光亮的绿色；也有极少数品种蜡质层很厚，呈银灰色。托叶和小叶上有大小不一的银灰色剥蚀斑。紫花、粉花等有色花品种的托叶腋叶长有紫色斑或半环状紫色斑点，而白花等浅色花品种的托叶腋叶无此性状。

（四）花

豌豆花序为总状花序，腋生。每个花序上通常着生 1~2 朵花。少数品种着生 3~6 朵花。花色是鉴定不同品种的特征之一，豌豆的花为典型的蝶形花，有白色、淡红色和紫色之分，花冠由一片圆形具爪纹的旗瓣、两片翼瓣和由两个花瓣愈合而成的龙骨瓣组成；在一朵有色花上，旗瓣通常呈淡红色，翼瓣紫色，龙骨瓣绿色。豌豆花鳄斜形、小、绿色，基部愈合，上部浅裂成 5 瓣，呈钟状，从基部到叶片顶端约 1 厘米，白花品种的花梗较长；红花品种的花梗较短，但托叶稍长。一朵花中有雄蕊 10 枚，其中 9 枚基部相连，1 枚分离，即二体雄蕊。花药 10 枚，椭圆形，纵隔双药室；雌蕊 1 枚位于雄蕊中间，子房上位，无副柄，一室、扁平，具弯曲的花柱和柱头，弯曲的柱头内面有绒毛，便于吸附花粉。子房有一张心皮和 2~12 个胚珠组成。胚珠着生在子房内壁边缝上。

豌豆上第一个花序着生在植株的第 6~18 节的叶腋中。其具体着生节位因品种而异。一般着生在第 6~10 节处的多为早熟品种，着生在第 11~15 节处的多为中熟品种，着生在第 15 节以上多为晚熟品种。单株开花的总数因品种和栽培条件而异。初期开花的花成荚率较高，每荚成粒率也较高。每荚粒数较多而且籽粒饱满。后期顶端开的花常成秕荚或脱落。

豌豆为自花授粉作物，遇高温或干燥等不良条件时也可异交。授粉发生在花冠开起以前，每株豌豆花期持续 15~20 天。每天上午 9 时左右开始开花，11 时至下午 3 时为开花盛期。下午 5 时后减少。旗瓣闭合后，到次日再次展开。每朵花受精后 2~3 天即可见到荚，33~45 天籽粒成熟。

（五）荚果

豌豆的花受精后，子房迅速膨大形成荚。经 15~30 天荚果生长达到最大程度，标准基因型豌豆的荚皮有外果皮（由厚壁表皮细胞构成）、中果皮（由大型薄壁细胞构成）以及木质化的内果皮组成。维管束位于两条毗邻的叶脉之中，为籽粒提供水分和养分，另一条在荚果下部的表面。所有的 3 条叶脉汇集于荚果末端，并与小叶脉构成的网状叶脉相连，遍布荚果表面。

豌豆的荚果是有单心皮发育而成的两扇夹皮组成的。硬荚品种的荚体内侧有一层坚韧的革质层组成，革质层有 2～3 层木质化的细胞和非木质化的细胞组成。软荚品种的荚皮内侧无革质层。半软荚品种的荚皮内侧隔质层发育不良或成条块状分布。荚的形状呈扁平长形，但品种间有很大的不同，有剑形、马刀形、弯弓形、棍棒形和念珠形。先端或钝或锐。未成熟荚的颜色有蜡黄色、浅绿色、绿色和深绿色之分。成熟荚色通常为浅黄色，少数为褐色。

豌豆成熟荚一般长 2.5～12.5 厘米，宽 1.0～2.5厘米，按其长短，豌豆荚可分为：小荚，长度短于 4.5厘米；中荚，长度短于 4.6～6.0厘米；大荚，6.1～10.0厘米；特大荚长 10.0厘米；荚果中所含种子的数量也有不同，分为：少，3～4 粒；中，5～6 粒；多，7～12 粒。种子在荚中的排列方式也有差别，有的彼此挤在一起，有的种子间互不接触，排列疏松。就一株荚果而言，第一个花节具有最大的叶面积和最大的荚果。继后的节上小叶面积荚果大小和百粒重都下降。

（六）种子

成熟的豌豆种子，由种皮、子叶和胚构成，无胚乳。在两片发育良好的子叶中储藏着发芽时必需的营养物质。种皮表面上是着生有种脐、种孔和合点等器官。白花品种成熟种皮的颜色通常为无色半透明、淡黄色、粉红色、橘黄色、绿色和橄榄绿色。有色花品种的成熟种皮颜色通常为粉褐色、褐色、黑紫色、黑色和在黄褐色或绿色基底上缀以紫色条、斑，或呈大理石花纹状。白花品种的种子种脐颜色为黄白色，偶有黑色。未见褐色种脐。有色花品种的种子种脐为褐色、浅褐色、深褐色或黑色，但无黄白色。种皮颜色和种脐颜色是鉴别品种的主要特征之一，种皮表面有光滑、粗糙、部分种皮皱陷和全部种皮皱缩之分。种皮一般占种子重量的 6%～8%。

豌豆种子的直径 3.5～5.0 毫米，百粒重小于 15 克为小粒类型；直径 5.0～7.0毫米，百粒重 15.1～25.0 克为中粒类型；直径 7.1～10.5毫米，百粒重大于 25.0 克为大粒类型。粒形有圆、凹圆、压圆、方形、皱缩和不规则形。豌豆种子的煮软性因种皮色泽而已，藁黄色种皮的种子煮软性最好，黄色和绿色种皮的种子煮软性适中，暗色种皮的种子煮软性较差，大理石花纹的种子和表面皱缩的种子煮软性最差。

二、生长环境

（一）温度

豌豆一般最适宜于凉爽而湿润的气候。在南纬和北纬25°~60°的低海拔地区和0°~25°的高海拔地区都有种植。豌豆种子发芽最低温度为1~2℃，最适宜温度6~12℃。豌豆幼苗较耐寒，多数品种能耐短期-6~-3℃的霜冻。甚至植株全部冻僵，日出后仍能继续生长，不留损伤痕迹。豌豆不耐高温，营养生长期内气温以12~16℃为宜。生殖器官形成及开花期间以16~21℃为宜，结荚期以16~22℃为宜，总之，生长季节内平均最高气温为20~21℃时，豌豆产量最高。

豌豆对高温胁迫最为敏感的时期是在群体开花后5~10天。高温减少花芽数量和导致授粉不良，从而减少单株荚数。高于25.6℃的平均气温每天造成的产量损失每公顷达13千克，同时导致豌豆籽粒品质下降，因而在春播区，特别是春末夏初温度较高的地区，要适当提早播种和收获。豌豆从种子萌发到成熟，需要≧5℃的有效积温1400~2800℃。豌豆每个生长发育阶段所需积温因品种而异，而且品种间差异较大。

（二）光照

豌豆为长日照作物，绝大多数品种延长光照时间能提早开花，缩短光照时间则延迟开花，在短日照条件下分枝较多，节间缩短，托叶变形，但有些早熟品种缩短光照至10小时后，对其开花期几乎没有影响。一般南方品种引种到北方大多提早开花，光周期仅在播种至花诱导发育阶段，对豌豆的生长发育进程产生作用。

豌豆的整个生育期都需要充足的光照，尤其是花荚期。如果植株群体密度过大，植株株间互相遮光严重，花荚就会大量脱落。因而在栽培技术上采用宽窄行播种或宽行小株距，以及间作套种，创造合理的群体结构，使豌豆株间透光良好，增加叶片的受光面积，对豌豆的高产优质极为重要。

（三）水分

豌豆是需水较多的作物。在种子吸水膨胀和发芽时，圆粒光滑品种需吸收种子本身重量100%～120%的水分，皱粒品种为150%。豌豆发芽的临界含水量为干种子重的50%～52%，低于20%时种子不能萌发。豌豆幼苗时期较耐旱，这时地上部分生长缓慢，根系生长较快，如果土壤水分偏多，往往根系入土深度不够，分布较浅，降低其抗旱吸水能力。此时除草、松土提高土壤的通透性并提高地温，可以促使根系充分入土。地上部分茎叶健壮，达到“蹲苗”的目的，为后期豌豆的生长发育奠定坚实的基础。花荚期和荚果充实期是豌豆的需水临界期。

豌豆苗期是否灌溉，取决于播种时土壤中剩余的水分含量。如无降水和降水很少时。以在花前期和荚果灌浆期灌溉一次最为适合是。如遇干旱且无灌溉条件则会严重减产。从开花到成熟期间，如遇低温多雨天气会导致豌豆成熟延迟和荚果霉烂变质影响产品产量和品质，而且成熟期不一致。豌豆虽忌干旱，但也不耐水涝。开花前期和荚果中期既是需水临界期，又是对水涝最为敏感的时期。此时期若降水过多，形成水涝，影响根瘤活动，会明显减少花荚数和结实率，造成减产。

（四）土壤

豌豆对土壤的适应能力较强，较耐瘠薄，但以富含磷钾钙质的黏土壤、壤土和沙壤土为宜，在过于黏重的土壤中根瘤菌的生命活动受抑制，豌豆生长不良；在轻质沙土或石砾土中生长较差，在盐碱地以及低洼积水地上则不能正常生长。在腐殖质过多的土壤中种植时常造成茎叶徒长而影响产量。豌豆适宜的土壤pH值为6.5～8.0，以在微碱性土壤上生长最好。酸性过强的土壤，会使豌豆根瘤菌的发育受到抑制。根瘤难以形成，当土壤pII值小于5.5时，应施石灰中和。而以pH值为4.7时为极限，过此极限则不能形成根瘤，微碱性土壤可以促进土壤微生物的活动，特别是根瘤菌能抗pH高达9.5的碱性。微碱性土壤环境对促进根瘤菌的正常发育，提高其固氮能力有重要作用。

（五）养分

豌豆从土壤中吸收最多的营养元素是氮、磷、钾、钙。有研究显示：

每生产 100 千克豌豆干籽粒需吸收纯氮 3.8 千克，纯磷 1.4千克，纯钾 3.6 千克。豌豆缺氮的症状表现为根系和地上部生长受抑制，株矮、直立而瘦弱，叶片小而黄，花很小，叶早衰。从下往上脱落；缺磷的症状表现为叶片呈浅蓝绿色，无光泽，早枯，植株矮小，花少，迟熟，影响果实形成和种子灌浆；缺钾症状表现为植株矮小，节间缩短，叶缘褪绿，老叶枯死，叶卷缩；缺钙的症状表现为叶脉附近出现小的、红色的轻微下陷，向外发展到全叶，植株生长差，幼茎、花柄和叶组织萎蔫，根瘤生长不利，籽粒品质差。

第三节　豌豆品种

（一）晋豌 1 号

品种来源：1984 年由山西省农业科学院右玉试验站用系统育种法育成。1990 年通过山西省农作物品种审定委员会审定。

特征特性：全生育期 87 天左右，株高 80～90 厘米，无限结荚习性，分枝少，半直立株形。叶片深绿色，花紫红色，最低结荚位 40～50厘米，荚长 6厘米左右，单株结荚 6～10 个，每荚有 6 粒种子左右。单株产量 12～36 克，百粒重 26 克，种皮紫麻色，圆形硬粒，胚黄色。特抗豌豆食心虫、根腐病。为广谱抗病型，抗寒、抗旱能力强，丰产性强。在 1987～1988 年的生产示范中，比当地骨干品种平均增产 24.8%。籽粒脂肪含量 0.9%，蛋白质含量 28.21%，淀粉含量 55.2%。在山西省春播豌豆区的试验中，平均每公顷产 1710 千克，其丰产性、稳产性均居第一位，品质优异，适宜于晋北地区及甘肃、内蒙古，新疆，青海，四川等省区播种。

（二）晋豌 2 号

品种来源：由山西省农业科学院右玉试验站用系统育种法育成。1997 年通过山西省农作物品种审定委员会审定。

特征特性：全生育期 90～94 天，株高 80厘米左右，植株翠绿色，花白色。主茎分枝 2～3 个，每个分枝约9 个荚位，18 个荚，单株荚数 45 个左右，单荚粒数 6～8 粒。籽粒和种脐均为白色，百粒重 18～20 克，品质好，苦味儿轻，嫩荚食用鲜而甜而质脆。参加山西省生产试验3年平均单产1470千克/公顷，比对照增产18.2%。抗豌豆食心虫，抗寒耐旱，广谱抗病。适宜于晋西北干旱、冷凉丘陵山区及类似生态区种植。籽粒脂肪含量1.17%，蛋白质含量23.48%，淀粉含量60.57%。

（三）晋豌3号

品种来源：由山西省农业科学院右玉试验站育成。2005年通过山西省农作物品种审定委员会审定。

特征特性：全生育期90天，株高90~110厘米，主茎节数7.2节左右，无限结荚习性，分枝2个，半直立株形。叶色翠绿，花紫红色。最低结荚位45厘米左右，荚长6厘米，单株结荚12个，百粒重26克。种皮色为浅黄色，有光泽多皱近圆形，硬粒。品质好，口尝苦味轻，嫩荚食用甜而脆。稳定性好，长势整齐，产量高，籽粒均匀且大，商品性好。2003—2004年两年多点试验中，平均单产1972.5千克/公顷，比对照增产22.8%，居参试品种第一位。抗豌豆食心虫，抗寒耐旱，广谱抗病。适宜于在山西春播期短的高寒地区播种，播种期在4月中旬为宜。籽粒脂肪含量1.23%，蛋白质含量23.34%，淀粉含量49.98%。

（四）晋豌4号

品种来源：由山西省农业科学院右玉试验站以籽粒大、耐旱、抗病的8721－1号为母本，以多花、荚长的6371－2号为父本，经过有性杂交，采用混合选育法选育而成。2010年通过山西省农作物品种审定委员会审定。

特征特性：株高85~110厘米，主茎节数7.2节左右，无限结荚习性，分枝3个，半直立株形。叶色翠绿，花紫红色。单株结荚11.8个，百粒重24克。种皮色麻色，光滑无皱，圆形硬粒。品质好，口尝苦味轻，嫩荚食用甜而脆。稳定性好，长势整齐，产量高，籽粒均匀且大，商品性好。2008—2009年两年多点试验中，平均单产1725千克/公顷，比对照晋豌豆2号增产15.7%。抗豌豆食心虫，抗寒性强，广谱抗病。适宜于在山西、内蒙古、甘肃等春播期短的高寒地区播种，生育期86天左右。籽粒脂肪含量11.0%，粗蛋白质含量23.76%，粗淀粉含量54.0%，总糖含量5.41%。

（五）晋豌5号

品种来源：由山西省农业科学院高寒区作物研究所育成。

特征特性：该品种为半无叶株形，直立。株高65厘米左右，宽托叶，主茎节数13节，无限结荚习性，分枝3个，叶色翠绿，花紫红色。单株结荚9个，单荚粒数5粒，成熟荚黄色，荚硬，荚长5厘米，宽1.7厘米，籽粒球形光滑，种皮白色，百粒重25克。2008—2009年两年多点试验中，平均单产1650千克/公顷，比对照晋豌豆2号增产10.4%。抗旱性中等，抗寒性强，广谱抗病。适宜于在山西豌豆产区种植，生育期82天。籽粒粗蛋白质含量29.41%，粗淀粉含量53.11%。

（六）中豌2号

品种来源：中国农业科学院畜牧研究所经有性杂交选育而成。

特征特性：该品种株高55厘米，茎色深绿色，白花、硬荚。单株荚数6~8个，最多20个，荚长8~11厘米，宽1.5厘米，单荚6~8粒，成熟的干豌豆浅绿色，百粒重28克左右。春播期生育期70~80天，冬播区90~110天；以幼苗越冬的约150天。干豌豆产量2250~3000千克/公顷。青豌豆荚产量10500~12000千克/公顷。粗蛋白质含量26%，该品种品质优良为优势，荚大粒大粒多，食味鲜美易熟，商品性好。适宜于华北、西北、东北等地种植。春播区适宜播期2月下旬至3月中下旬，全生育期95~100天。

（七）中豌8号

品种来源：中国农业科学院畜牧研究所经有性杂交选育而成。

特征特性：该品种株高50厘米，茎叶浅绿色，白花、硬荚，花期集中。单株荚数7~11个，多的可达15个以上。荚长6~8厘米，宽1.2厘米，厚1厘米，单荚5~7粒，成熟的干豌豆黄白色，种皮光滑，圆球形，百粒重18克左右。具有节间短灌浆鼓粒快的优点，前期青荚产量占总产量的50%左右。上市早，效益好。干豌豆籽粒含粗蛋白23.83%左右，粗纤维6.41%，粗脂肪0.83%。青豆风干物中含粗蛋白24.14%。每公顷产青荚6000~7500千克。适宜北京及华北、西北、东北等地栽培。春播区适宜播期2月下旬至3月中下旬，全生育期90~100天。

（八）品协豌1号

品种来源：由中国农业科学院作物科学研究所从国外引进的资源Celeste中系统选育而成。2010年通过山西省农作物品种审定委员会审定。

特征特性：该品种为半无叶株形，叶片深绿，株高55~65厘米，多花多荚，花白色，有限结荚习性。单株荚数1012个，荚长5~6厘米，宽1.5厘米，单荚5~6粒，成熟的干豌豆白色，圆形，百粒重26~28克。干豌豆籽粒含粗蛋白24.63%，粗淀粉含量52.76%，粗脂肪1.64%。2008—2009年参加山西省豌豆品种区域试验，两年平均产量为2915千克/公顷，比对照晋豌豆2号增产30.1%。该品种抗病性强，防风抗倒伏，群体结构综合性状优异，适应性广，适合各种地块种植，高中等肥力的地块能充分发挥高产潜力。山西省晋中及忻定盆地早春播种，生育期95~105天。

（九）冀张豌2号

品种来源：张家口市农业科学院经杂交选育而成。2012年通过河北省科技成果转化中心鉴定。

特征特性：普通株形，植株半蔓，株高50~60厘米，主茎分枝1~2个，白花，单株荚数9~15个，荚长5厘米，单荚3~5粒，籽粒粉白色，百粒重24克左右。干豌豆籽粒含粗淀粉57.51%，粗蛋白21.93%，粗脂肪1.20%。属于淀粉专用型粒用品种。2010年河北省豌豆生产试验平均产3601千克/公顷。该品种单株荚数多，耐密植。耐根腐病、白粉病，增产潜力大。适宜冀北及内蒙古、山西、甘肃、青海等春播豌豆区种植。全生育期93~100天。肥力中等的旱地或水地均可种植，宜与马铃薯、小麦、莜麦等作物轮作倒茬，忌重茬连作。

（十）汾豌豆1号

品种来源：由山西省农业科学院经济作物研究所于2002年夏用JW~16作母本，JW~8作父本进行有性杂交，经多年定向选育于2007年选育成的一个新品系。2012年通过山西省农作物品种审定委员会审定。

特征特性：该品种株高75厘米左右，根圆锥状，须根发达，茎绿色，主茎分枝2.1个，叶色淡绿，有卷须，花白色，荚镰刀形，荚长5.7厘米，成熟后黄白色，单荚粒数4.8个，籽粒白色，百粒重21.5克。干豌豆籽粒含粗淀粉 38.57%，粗蛋白 25.41%，粗脂肪 2.45%。2010—2011 年参加山西省豌豆品种区域试验，两年平均产量 2633 千克/公顷，比对照晋豌豆 2 号增产 14.3%。汾豌豆 1 号耐寒性好，抗病，中抗叶潜蝇。产量稳定性好，对仓储害虫抗性强，产品商品货架时间长。适合山西省北中部等相似的气候冷凉地区春播，生育期 85 天。

第四节 豌豆栽培技术

一、轮作

豌豆不宜连作或重茬，应与马铃薯或禾谷类作物进行三年以上的轮作，尤其以马铃薯作前茬最好。豌豆在酸性土壤条件下生长不良，应选用土层深厚、平坦肥沃的中性或弱碱性土壤种植豌豆。实行 2～3 年轮作。白花豌豆比紫花豌豆更忌连作，其轮作年限需更长。我国北部干旱地区，豌豆种植面积常占粮食作物种植面积的 20%～30%。应该妥善安排作物轮作，防止豌豆轮作周期过短带来严重的根部病害。轮作之中安排一定的豌豆等豆科作物是保持和提高土壤肥力，促进农作物均衡增产的有效措施。由于根瘤菌的固氮作用，种植豌豆不必使用或仅少量施用氮肥，使农民有可能将氮肥集中施用到非豆科作物上。且豆茬的土壤肥力也比麦类、薯类茬高。因而保持豌豆等豆类作物一定的种植面积，成为作物轮作制的中心环节。与重茬相比，豆茬麦可增产 10%～20%。豌豆适合与禾谷类或中耕作物轮作。豌豆和其他农作物轮换种植，不仅对后作有好处，对豌豆的生长发育也有好处。山西多以禾谷类作物为前作，豌豆的后作多为春麦、燕麦、玉米、高粱、马铃薯等耗氮量较大的作物。如果在倒茬不开茬口的连作地上种豌豆，应特别注意增施农家肥做底肥，并增施磷肥和钾肥，以减轻重茬影响。

二、混作、间作及套种

（一）混作

为了充分利用光、温、水、土等自然资源，豌豆和其他作物混作、间作和套种，既可抑制杂草，减少病虫害，又可增加单位面积产量。混作是指两种或两种以上的作物按一定比例同时播种，在同行内条播或在一块儿地上散播。混作是一种比较古老的种植方式，目前在山西北部仍有一定面积。以豌豆与春小麦、燕麦等混作较为普遍。豌豆和麦类混作对两种作物的生长都有利。豌豆需磷钾较多，并能利用难溶磷，麦类则需氮较多。两种作物的营养要求上矛盾不大，且豌豆根瘤菌所合成的氮素还可以提供一部分给麦类。故豆麦混作不影响麦类分蘖数、每株粒数、百粒重等经济性状；豌豆由于得到小麦的支撑，分枝数，单株荚数、单荚粒数和百粒重等农艺性状也比单种的高。混播豌豆成熟整齐，病虫害轻。所以，混作田的产量要比单种的小麦或单种豌豆高。混作田中两种作物的种植比例，主要根据地力确定。如果地力较好，小麦种植比例大些，地力差，为了培肥豌豆比例应大些。以收籽粒为目的的各种混种都要求播种的两种作物品种的成熟期基本一致，以免因成熟不一致造成产量损失。

（二）间作套种

间作是指只在一块耕地上间隔的种植两种或两种以上作物；套种是指在某一种作物生长的后期，在行间播种另一种作物，以充分利用地力和生长期增加产量。间作、套作是混作的复种轮作方式，有利于充分利用地力，满足不同作物对光、温、水、肥的需要，管理、收获、脱粒均比混种方便，可提高单位面积产量和产值。豌豆是立体农业中的一种常用作物，它适合跟一些宽行距作物间作，也适合于在带田中套作。用豌豆间套作不仅能使光、热、水、气资源得到充分利用，还可固定空气中的氮素，保持和提高土壤肥力。在山西部分热量条件较好的地方有豌豆与玉米、谷子、高粱、向日葵、茄果类、瓜类、大麦、春小麦、燕麦等间做的习惯，为了克服前后作物之间生育期的矛盾，豌豆与下季作物实行套种更为普遍。各地套种形式多种多样，主要有豌豆—玉米，豌豆—马铃薯和豌豆—向日葵等。间作种植遇到的第一个问题就是品种选择，矮茎、半矮茎的直立类型豌豆品种最适合于间套作栽培。玉米是高感、宽行种植且生育期较长的作物，玉米行中适合套种豌豆。马铃薯也是行距较宽的中耕作物，适合套种早熟矮秆豌豆。在幼龄果园内套种早熟豌豆可取得增产增收的效果。

（三）复种、填闲

用早熟、极早熟豌豆作为复种或填闲作物在山西省乃至我国有着极其广阔的发展前景。不仅能多种多收，提供干豆粒、优质蔬菜、加工原料和牲畜饲料，还有固氮作用。在热量条件较好的一年一熟地区，在种植一季作物之后，光、热、水、气有较多的剩余，足以复种一茬早熟、极早熟豌豆，即能倒茬又有利于后作增产，又能增收粮食和饲料。

早熟粒用豌豆中豌号系列品种可作为备选品种。采用食嫩豆粒和嫩豆类制罐用等豌豆因其收获阶段为籽粒灌浆中后期，所需积温比收干粒豌豆要少 200℃左右，其适种范围比粒用豌豆大。要求积温最少的是刈割饲料或翻压绿肥的刈割豌豆，因其收获期在开花初中期至结荚期，适栽面积最大。复种豌豆在前作收后均应立即整地播种，每公顷需要使用 150～225 千克磷酸二胺作为底肥。以收饲料为目的的田间管理应尽量满足水、肥需要。使其早生快发，多长快长。以粮用为目的的田间管理应采用前期促、中后期控的管理方法，即浇一次苗水促进生长，在开花以后一般不再浇灌，避免贪青晚熟受冻。

三、土壤耕作

豌豆的根比其他食用豆类作物较弱，根群较小，在土层疏松、深厚、湿润、保水保肥的土壤中豌豆根系才能扎得深长得好。抗逆粒增强。土层过于紧实，由于土壤空气不足，根瘤菌的活性降低，根瘤发育不好，会使豌豆的固氮变为需氮。土壤耕作的主要任务是创造有利于豌豆生长发育的土壤环境条件。播种之前需适当深耕疏松土壤，有利于根系发育，使豌豆出苗整齐，健壮。春播地区秋作收获后先行灭茬除草再深耕，春播地区的土壤耕作包括秋耕、秋耙和播种时翻耕及播后耙耱保墒。前作收后应立即秋耕，以熟化土壤接纳雨水。秋雨过后应适时耙耱保墒。翌年春季土壤表层解冻，随即进行翻耕、耙耱保墒。有条件的地区应进行冬灌。播前翻耕是跟犁溜种要求的田间作业，垄距要均匀。播后立即耙耱，以破碎颗粒和平整田块。秋耕秋施肥，翌年免耕播种可以减少土壤水分蒸发，又可提早播种，值得提倡。

四、施肥

合理施用农家肥和化肥，是提高豌豆产量的重要措施。

（一）农家肥

农家肥不仅能源源不断地提供豌豆生长发育所需的养分，还有改良土壤结构，提高土壤保水、保墒性能和改善通气状况，促进根瘤生长，提高根瘤菌活力的效果。农家肥一般作底肥施用，施肥量视土壤肥力、肥料的种类而定。春豌豆区高产田一般每公顷施用羊杂肥或土杂肥45000~67000千克，中低产田块每公顷施用22500~45000千克。

（二）氮肥

根瘤菌固定的氮素能满足豌豆生长期需氮总量的60%~70%，其余氮素在土壤肥力较好的条件下从土壤中吸收。因此栽培豌豆不用大量施用氮肥。但在山西省豌豆多种植在山旱地，土壤有机质少，肥力低，易受干旱威胁，根瘤生长发育不好，结瘤少，质量差，固氮力弱，因而施氮有一定增产效果。

（三）磷肥

施用磷酸盐可增加豌豆的生物产量和种子产量，但效果不明显。也有报道施用磷肥能促进根瘤的生长。试验表明，缺磷比不缺磷产量减少25%。我国春播区的土壤磷含量偏低，而豌豆又是喜磷作物，施磷有一定效果。磷一般作为底肥，最好和农家肥混合使用。北方旱地手溜子条播时，将农家肥和磷肥集中施入犁沟，然后播种，既省肥又增产。如用条播机播种，磷肥可与种子混匀，随种子施入做种肥。速效磷肥也可在花荚期喷施作根外追肥。

（四）钾肥

钾肥有壮秆抗倒伏和增强植株耐旱力的作用。钾肥可做基肥，随农家肥、磷肥一起施入，每公顷用量19.5~30千克有效成分。草木灰含钾较多，可做基肥或追肥，每公顷用量375~750千克。我国北方春播区土壤不缺钾，一般不需专门施用化学钾肥。

（五）钙肥

豌豆生长需吸收大量的钙，施用石灰能补充钙营养，促进固氮菌活性。北方的土壤一般富含钙，不需施用钙肥。

五、播种

（一）备种

备种工作包括晒种、选种和药剂拌种等。播前最好能晒种3~5天，有提高种子发芽势和发芽力的效果,可提早出苗。同时要精选种子，选粒大、饱满和无病虫害的种子，剔除小粒、秕粒和破碎粒，进而促进出苗整齐一致。如果种子受豌豆象为害严重，有蛀孔的种子较多，可用30%生理盐水选种，即将种子倒入30%盐水中，捞出上浮的虫蛀豆。

（二）播种期

豌豆性喜凉爽气候，在至少有5个月的凉温生长季的地区才能生长好。开花结荚期间温度过低容易受冻，温度过高也不利于开花和荚果发育。调整播种时间可使豌豆有较长的适合生长发育的凉温生长季。一般早春土壤解冻后。5厘米地温在2~5℃即可播种。山西豌豆多为春种，播种期大致是3月中旬到4月上旬，顶凌播种。适宜生长期短的地方，以栽培矮生品种和半蔓性品种为宜，并适当加大播种密度。

（三）播种方式和播种量

豌豆的播种方式有条播、穴播和撒播等。春播期多用条播，行距一般为25~45厘米。豌豆的播种量因地区、种植方式、品种和肥力的不同而不同，由于土壤环境条件，种植方式、病虫害等的影响，田间出苗率一般只有70%~80%或更低。因此，播种前因根据预期的出苗密度计算播种量。山西省干旱地区种植密度以每公顷75万~90万株较好，一般每公顷播种量225~300千克。如果种植矮秆早熟品种，要适当加大密度。高茎晚熟和分枝多的品种宜少些。肥地宜稍稀，瘦地宜稍密。

（四）播种深度

豌豆播种深度要依据土壤质地、土壤湿度和降水量确定。沙性土壤或降水少的地区宜适当种深些，黏重土壤或降水较多的地区种浅些。一般情况下以5~7厘米的播深较合适。在干旱、半干旱地区或播种季节气候干旱情况下，种子覆土深度是十分重要的，关键要保证豌豆苗全苗壮。

六、田间管理

（一）中耕除草

豌豆出苗后一般不需要疏苗、定苗，但是由于苗期生长缓慢，易发生草荒，因早锄地，松土保墒，以提高地温促进生长。矮生、半矮生品种，由于植株较小易发生草荒而严重减产。豌豆从出苗后到植株封垄前，因及时中耕松土2~3次，中耕深度应掌握先浅后深的原则。一般在苗高5~7厘米时进行第一次中耕，株高15~20厘米时进行第二次，第三次可根据情况灵活掌握。中耕除草作业应在植株叶片卷须相互缠绕前完成。生长后期已经封行，如果杂草多应拔除，以免杂草丛生，植株受荫蔽，影响产量和延迟成熟。

（二）灌溉

豌豆苗期如降水较多，底墒足，幼苗生长正常，开花前要适当蹲苗，不旱不浇水，干旱时可结合追施尿素浇水。孕蕾至开花阶段，植株生长迅速，叶面积迅速扩大，蒸腾增大，是需水临界期，必须浇好蕾花水。也应保证鼓荚灌浆期对水分的要求，一般在开花结荚期应浇水2~3次，每次水量不应过大。豌豆一生直接吸收利用的水分相当于100~150毫米的降水或灌溉量。

（三）追肥

如果施入农家肥，磷肥和少量氮肥作底肥，底肥足苗色正常，可不用再追肥。但在幼苗期如果地瘦苗黄，应施速效氮作追肥，每公顷施尿素75~115千克，施后立即浇水，然后松土保墒。在苗期或花期追施磷、钾肥，钾肥也可用草木灰代替。用量每公顷为过磷酸钙 150～225 千克和氯化钾 30～45 千克。开花结荚期也可喷施磷、钾肥，特别是喷施硼、锰、钼等微量元素肥料，增产效果显著。

七、收获

（一）干豌豆的收获

豌豆荚从下而上逐渐成熟，持续时间多达 50 天，往往中下部的荚果已经成熟，而上部荚果仍然青绿，因此当植株茎叶和荚果大部分转黄稍枯干时，应立即收获。早晚光照较弱时收获可以有效防止炸荚落粒。人工收获时将植株连根拔起或从基部割下，上场后应及时晾晒脱粒。晒干后的种子含水量应在 13%以下，有利于安全储藏。

（二）青豌豆荚的采收

硬荚豌豆做蔬菜，主要以青豌豆荚的形式供应市场，食用荚果内的青豌豆荚在开花后 18～20 天，当荚果充分膨大而豆粒尚嫩时采收为宜。

（三）软荚（食荚）嫩荚的采收

菜用豌豆收获视烹调要求而定，一般应在豆荚已充分长大，豆粒及纤维均未发达时采收，豆荚灌浆中后期收获。分期分批采摘嫩豆荚可保证市售豆荚的质量。软荚豌豆品种一般在开花后 12～15 天开始采收，普遍用于手工采摘，春播区一般采摘 2～3 次。

第五节　豌豆主要病虫害防治

（一）锈病

豌豆锈病在中国所有的豌豆种植区均有发生，已报道有多种单细胞锈菌引起豌豆锈病。锈病侵染影响植株生理和生化过程，显著降低光合作用，严重流行时导致叶片干枯、脱落，豆荚停止发育、在适宜病害流行的环境条件下，产量损失可达30%以上。豌豆的叶、叶柄、茎和荚均可被锈菌侵染。叶片发病初在叶面或叶被产生黄色小斑点，然后在叶背部产生杯状。白色的锈孢子器，进而形成黄色夏孢子堆，破裂后产生黄褐色的夏孢子。后期在病斑上产生黑色隆起斑。为冬孢子堆，破裂后散出黑褐色粉状物，即病菌的冬孢子。

2. 防治方法

农业防治：适时早播和利用抗病品种，避开锈病发生高峰期，减轻病害损失；与非寄主作物轮作1~2年，可以有效降低病原菌；采用高畦深沟或高垄栽植，合理密植，及时清理枝蔓，加强通风透光，增强植株抗病力。

化学防治：发病初期可喷施43%菌力克悬浮剂6000~8000倍液，40%福星乳油6000~8000倍液或30%特福灵可湿性粉剂4000~5000倍液。根据病害发生情况隔4~10天防治1次，连续防治3~4次，不同药剂交替使用。

（二）白粉病

豌豆白粉病是豌豆的重要病害之一。该病广泛分布于世界豌豆主产区，尤其在白天温暖、夜间气候冷凉条件下为害最为严重。豌豆被白粉病侵染，一般可造成26%~47%的产量损失。发病初期，最先在叶片或叶托表面产生小的、分散的淡黄色斑点，随后丙班逐渐扩大形成白色到浅灰色粉班，最后病斑合并使病部表面被白粉覆盖，叶被呈褐色或紫色斑块。病斑由下向上逐渐蔓延，受害植株较重的组织枯萎死亡，被侵染区域下面的组织变黑。在西北或华北寒冷地区，病原菌以闭囊壳、休眠菌丝或分生孢子在病残体上越冬，成为初侵染源。翌年以子囊孢子进行初侵染或从越冬的休眠菌丝上产生分生孢子进行侵染。

防治方法

农业防治：利用抗病品种是防治豌豆白粉病最有效的方法，目前适于华北及西北部分地区种植的品种有晋硬1号、晋软2号和绿珠豌豆等。通过适时早播，利用早熟品种避开发病高峰和增施磷、钾肥等方法可减轻白粉病的发生率和严重度。

化学防治：可喷施43%菌力克悬浮剂6000~8000倍液，40%福星乳油6000~8000倍液或30%特福灵可湿性粉剂4000~5000倍液，连续防治3~

4次，不同药剂交替使用。

（三）根腐病

病害主要为害根或根茎部。最初的侵染发生在子叶节区、地下的上下胚轴和主根上部，随后向上扩展到地表以上茎基部和向下扩展到根部。被侵染的主根和侧根最初症状为红褐色到黑色条纹病斑，随后病斑合并，根变黑根瘤和根毛明显减少，维管束变褐或红色。病菌以厚垣孢子在病残体上或土壤中越冬，主要以带菌的土壤、沙尘和表面污染的种子传播。带菌土壤、秸秆、粪肥等是病害发生的初次侵染源。病害的田间传播主要通过雨水、灌溉水和器具等。

防治方法

农业防治：与非寄主作物轮作，适时播种，合理密植，施用经过充分腐熟的有机肥，增施磷、钾肥和石灰；高垄（畦）栽培，及时中耕，促进不定根的产生，收获和及时清除田间病残体。在苗期根腐病严重的地区可以用35%多克服种衣剂，6.25亮盾种衣剂进行种子包衣。

化学防治：发病初期喷施或浇灌30%恶霉灵水剂1000倍液，70%甲基硫菌灵500倍液，每7~10天防治1次，连续防治2~3次。

（四）蚜虫

蚜虫为害豌豆时，成、若蚜虫聚集在豌豆的嫩茎、幼芽、顶端新叶和嫩叶叶背、花器及嫩荚等处吸汁液。豌豆受害后，叶片卷缩，植株矮小，影响开花结实，减产20%左右。蚜虫一年可发生20多代，主要以无翅胎生雌芽和若虫在杂草上过冬。蚜虫在温度高于25℃，相对湿度60%~80%时发生严重。

防治方法

用2.5%的美曲膦酯粉或1.5%乐果粉加细沙土，在早晨或傍晚撒在植株基部。也可在无风的早晨或傍晚喷施2.5%的美曲膦酯粉、2%的杀螟松、25%的亚胺硫磷等。

（五）豌豆象

豌豆象主要为害豌豆、菜豆和扁豆，是一种世界性的仓储害虫，中国除西北等少数省区外，其他各地均有发生。豌豆象为害猖獗，使仓储豌豆的安全性和食用性明显降低，经济损失惨重。它主要以幼虫潜伏在豆类内部食种子为害，为害率可达80%以上。豌豆象一年1代，成虫可越冬。卵一般产于豌豆荚两侧，多为植株中部的豆荚上。

防治方法

豌豆象应注意群防群治。药剂可选用4.5%的高效氯氰菊酯乳油1000～1500倍液、0.6%的灭虫灵1000～1500倍液等在豌豆初花期进行防治。仓储阶段可选用4.5%的磷化铝熏蒸法，每50千克原料使用1～2片磷化铝片，或者使用5～10粒磷化铝丸剂，熏蒸3～7天。熏蒸完毕后，采用自然或机械通风，充分散气两天以上，排尽毒气。此外，还可以采用冷冻法，将原料置于冰箱或冷冻室2小时左右，取出晾干后放入已进行清洁预防处理的仓库。如果量大，可以考虑-5～0℃商业冷库，放置30天即可完全防控豌豆象。-10℃商业冷库放置10天以上即可防治。

第六节　豌豆的综合利用

一、营养价值

豌豆具有较全面而均衡的营养。豌豆籽粒由种皮、子叶和胚构成。其中干豌豆子叶中所含的蛋白质 、脂肪 、碳水化合物和矿质营养分别占籽粒中这些营养成分总量的96%、77%、89%。胚虽含蛋白质和矿质元素，但在籽粒中所占的比重极小。种皮中包含了种子中大部分不能被消化利用的碳水化合物，其中钙磷的含量也较多。豌豆蛋白质中清蛋白、球蛋白和谷蛋白分别占21%、66%和2%。据报道，豌豆蛋白的生物价（BV）为48%～64%，功效比 （PER）为0.6～1.2，高于大豆。豌豆的蛋白质含量较高，含有人体所必需的8种必需氨基酸。豌豆含有20%以上的蛋白质，除蛋氨酸和色氨酸含量较低外，其余几种必需氨基酸含量均 较高。经添加适量蛋氨酸和色氨酸进行营养强化后，蛋白质营养价值符合 W H O 推荐标准 。因此豌豆蛋白质可成为优质食用植物蛋白质。豌豆籽粒蛋白质营养价值不能充分发挥的原因是其可消化性较差。除蛋白质外，豌豆中脂肪含量约为1.8%，碳水化合物约为52.6%，还含有胡萝卜素、维生素 B_1、B_2 等；

鲜嫩的茎稍、豆荚、青豆是倍受欢迎的淡季蔬菜。

二、保健作用

豌豆性味甘平，有和中下气 、利小便、解疮毒的功效。豌豆煮食能生津解渴、通乳、消肿胀。鲜豌豆榨汁饮服可治糖尿病 。豌豆研末涂患处，可治痈肿、痔疮。青豌豆和食荚豌豆含丰富的维生素 C，可有效预防牙龈出血，并可预防感冒。豌豆可保护视神经、改善视力、排毒养肝。豌豆苗所富含的 维生素 B_5，能修复受损的胃肠道黏膜细胞，平衡肠道菌群，还可有效减少抗生素的副作用。

豌豆所含的硒蛋白具有抑瘤功能，男性每 7 天吃 2～3 份豌豆，可以降低患前列腺癌的概率以及防止原位癌扩散的风险。豌豆蛋白可以推迟或预防肾损伤的发生，有助于降低血压和延缓慢性肾脏疾病的发作；豌豆苗所富含的维生素P，能增加血管弹性，抑制血压上升。豌豆所富含的 维生素 E 和豌豆多糖皆能抗氧化、防衰老和促进新陈代谢，其所含的维生素A、Zn 和 Fe 能补血美容。豌豆能促进大肠蠕动，保持大便通畅，强健消化道功能。豌豆的叶片、茎和根的抑菌效果较明显。

豌豆可以促进胆汁分泌、活跃肝、降低胆固醇；还具有溶解性、凝胶形成性、乳化力、耐热耐盐性好等优良特性。长期食用豌豆，能促进儿童智力与骨骼发育，增强老人体力，延年益寿。

三、食品开发利用

除长期以来人们在生产和生活实践中形成的许多传统的加工方法外，目前豌豆食品的工业化生产中已开发出不少行之有效的加工和保存方法，这些方法总体而言使豌豆的营养价值得到了改善。

（一）干豌豆的加工

精细磨粉，选用光滑圆粒豌豆做原料，采用特定机械和结合工艺将豌豆粒的种皮、子叶和胚芽三部分分离，然后分别磨粉，得到食用纤维粉、子叶粉和胚芽粉。种皮部分磨成的食用纤维粉可用做面包或营养食品中食用纤维的添加剂，改善食品膨松性，促进人体消化功能。子叶粉和胚芽粉在制作婴儿食品，保健食品和风味食品方面用途很广，既是常用的天然乳化剂，又是赖氨酸增强剂。另外，干豌豆还可以提取豌豆浓缩蛋白，豌豆蛋白粉可做面包等食品的增强剂，提高其蛋白质含量和生物价，还可制作粉丝，发豌豆苗等 。

（二）青豌豆和食荚豌豆的加工

可制作罐头、脱水、速冻。其中速冻青豌豆和食荚豌豆是欧美和东南亚国家普遍食用的豆类蔬菜，近年来在我国大、中城市特别是南方居民的主要蔬菜品种，日渐普及。

（三）豌豆小食品的制作

豌豆黄、豌豆糕类食品，特点是香甜可口，益脾胃，解热祛毒。豌豆食品具有清热、解毒、利尿的功效，特别是对糖尿病和产后乳汁不下的患者有奇特疗效。也可制作烙炸类休闲食品。总之，豌豆的开发利用价值大，加工用途非常广泛，滚动增值潜力大。只要我们不断努力，不断研究，开拓豌豆深加工与应用市场，选育出相应的专用、特用豌豆品种，豌豆的开发利用前景一定会更好。

第五章 豇 豆

第一节 概 述

豇豆又名豆角、角豆、长豆、裙带豆、蔓豆等，为豆科豇豆属，是一种粮、菜、绿肥及饲料兼用的一年生豆类作物，广泛分布于热带、亚热带和温带地区。

豇豆按用途可以分为菜用豇豆和普通豇豆两种。豇豆在中国栽培历史悠久，目前除西藏自治区外，其他各地都有豇豆生产。中国种植的豇豆主要是食用籽粒的普通豇豆及作为蔬菜的菜用豇豆。粒用的短荚豇豆很少，仅云南与广西有极少量农家品种。中国普通豇豆在山区丘陵地区发展较快，菜用豇豆是一种度夏的蔬菜，近几年也有发展的趋势。

第二节 豇豆的生物学特性

一、植物学特征

（一）根

豇豆的根由主根、侧根和根瘤组成，属直根系。主根发育良好，明显粗于侧根，入土很长，一般50~100厘米。侧根主要分布于表土10~30厘米土层内，长40~80厘米，延伸范围达50~70厘米，易木栓化，再生能力强。根上生有根瘤，固氮能力强，一般主根上结瘤较多。

（二）茎

豇豆的茎有直立、半直立、匍匐和蔓生缠绕 4 种类型。蔓生缠绕类型较多，且多为菜用型，普通豇豆品种多为无限生长习性；直立类型豇豆多为有限生长习性。豇豆茎细而圆，表面有纵向纹，粗糙或光滑，有绿色、浅绿色和紫色。直立类型豇豆一般茎高 50厘米以下，蔓生缠绕类型一般都在 2 米以上。

（三）叶

豇豆的叶有单叶和三出复叶两种类型，一般多为三出复叶。第一对为真叶对生，呈长圆形，大小因品种而异。其后出生的小叶为三出复叶，互生，叶柄长，无毛，基部有一对长 1~1.8厘米的小托叶。小叶全绿，扁菱形到卵圆形，顶部极尖，少数为披针形。子叶一般长 6~16厘米，宽4~11厘米。叶柄长可达 5~25厘米。叶柄与叶通常为深绿色或紫色，叶柄有凹槽，少数突变体没有叶柄，只有小叶。叶柄光滑无毛，叶片质薄，光合能力强。

（四）花

豇豆的花为总状花序。花梗自叶腋生出，花梗前端通常着生 2~4 对蝶形花，但只有 1~2 对发育，多为左右对生。花为典型的蝶形花，较大，白色或淡紫色。花一旦开放，很快就凋谢和脱落。自花授粉，杂交率约为2%。花器有蜜腺。

（五）荚果

豇豆开花授粉后即长成嫩荚，发育很快。荚果为扁平或长圆形，稍弯曲，顶端厚而钝，直立向上或下垂，幼荚为绿色，少数为紫色。菜用豇豆开花后 2~3 周即可采收嫩荚食用。通常一个花梗上结两荚，荚果长度与荚色因品种和水肥条件而不同。普通豇豆的荚果长度多在 30~100厘米。荚果有深绿、浅绿、和紫红色，成熟后呈黄色或褐色。一般每荚含 8~20 粒种子。

（六）种子

豇豆的种子形状可分为肾形、椭圆形、圆柱形和球形，以肾形居多。种皮光滑。普通豇豆籽粒有白、红、紫、橙、黑、花斑、条纹等多种颜色，菜用豇豆籽粒以褐色，白脐居多，部分品种种皮有皱纹。种子大小差异较大，长度0.5~1.2厘米。种脐明显，长约3毫米，椭圆形或圆形，脐环色因类型、品种和地区而不同。百粒重5~30克。种子无休眠期，在适宜条件下经48~72小时即可发芽，子叶出土。

二、生长习性

（一）光照

豇豆属短日照作物。对光周期的反应因类型、品种而异。普通豇豆对光周期要求较严格，适宜在短日照条件下栽培。在短日照条件下开花较早，植株矮小；在长日照条件下开花较晚，植株较高且带蔓性。菜用的长豇豆类型对光周期反应不敏感，在长日照或短日照条件下都能正常生长发育，地域适应性较广。豇豆是喜光作物，在开花结荚期间必须有良好的日照，如光照不足会导致落花落荚。但豇豆在食用豆类中最耐阴。

（二）温度

豇豆喜温耐热，不耐低温霜冻。种子发芽的最低温度为8~12℃，最适温度为25~30℃。发芽后的种子在30~38℃出苗最快。植株生长发育的适温为20~25℃，在35℃高温下仍能生长结实，在10℃低温时生长受抑制，5℃以下植株受害，接近0℃时植株受冻死亡。

（三）水分

豇豆要求适量的水分。豇豆叶片蒸腾量小，根系深，吸水能力强，耐土壤干旱的能力比耐空气干旱的能力强，对土壤湿度有较强的适应能力。普通豇豆和短豇豆耐旱力强，长豇豆耐旱力较差，多在水浇条件下栽培。豇豆种子发芽期和幼苗期的水分不宜过多，多则降低发芽率甚至烂种，造成幼苗期徒长，烂根死苗。在开花结荚期要求有适当的空气湿度和土壤湿度。过湿和过干都会导致蕾、花以致幼荚脱落。

（四）土壤

豇豆对土壤适应性广，只要排水良好，土质疏松的田块均可栽植，而以 pH6.2~7.0、排水良好、土质肥沃、土壤深厚的轻壤土或沙壤土为最好。

第三节　豇豆主要品种

一、豇豆类型

1. 按用途分类

普通豇豆：属粒用型，要求籽粒皮薄易煮，一般荚长 10~30 厘米，幼荚直立向上，随籽粒灌浆而下垂。种子多近肾形。植株多为蔓生形，通常作为干豆用。

菜用豇豆：属菜用型，要求嫩荚肉质肥厚，一般荚长 30~100厘米，荚果皱缩下垂，种子呈长肾形，是一种强壮的攀绿蔓生作物，鲜荚作为蔬菜食用。

饲用豇豆：饲用豇豆要求枝叶繁茂，生物学产量高，生长快，不仅适宜放牧，还可与玉米、高粱等混合青储。

其他用途虹豆：豇豆还是一种具有良好药用价值的作物，对治疗脚气病、心脏病有一定疗效。

2. 按粒色分类

山西省的豇豆颜色有红、橙、黄、白、紫、黑、灰、花纹、花斑 9 种，这 9 种颜色分布在全省各地。

3. 按百粒重分类

豇豆资源按百粒重可以分为大粒种、中粒种、小粒种 3 种。16 克以上为大粒种，12~16 克为中粒种，12 克以下的为小粒种。

4. 按生育期分类

豇豆资源按生育期可分为早熟种、中熟种、晚熟种 3 种。山西省豇豆资源生育期最长 155 天，最短 90 天。生育期 100 天以下为早熟种，在 100~120 天的为中熟种，生育期 120 天以上的为晚熟种。在山西的大同、忻州、吕梁等地豇豆的生育期较短，多为早中熟类型，在太原、晋中、长治多为中熟类型，在临汾、运城多为晚熟类型。自北往南生育期延长。

二、品种介绍

目前生产上利用的豇豆优良种很多，大多数是农家种，近几年又通过引种、系选和杂交育种等方法，鉴定和选育了一批优良的普通豇豆和菜用豇豆，解决了生产中的实际问题，同时促进了豇豆的生产和发展。

（一）普通豇豆

1. 中豇 1 号

中国农业科学院作物品种资源研究所从尼日利亚引进的豇豆品种中单株定向选育而成。早熟，生育期春播 85 天，夏播 60～70 天，比当地品种早熟 20 天以上。株高 50 厘米左右，荚长 18～23厘米，单株结荚 8～20 个，结荚数 12～17 粒。株形紧凑、直立、适宜密植。紫花，粒浅红色，百粒重 13～16 克，籽粒蛋白质含量 25.27%，淀粉含量 49.28%。高产，一般产量 1500～2400 千克/公顷，适宜性广。

适宜在北京、山西、河北、河南、安徽和陕西等地种植。

2. 中豇 2 号

中国农业科学院作物品种资源研究所从尼日利亚国际热带农业研究所（IITA）引入，经鉴定筛选出的优良矮生普通豇豆新品种。品种较早熟，在华北地区夏播生育期为 90 天左右。株高约为 70厘米，主茎分枝约 2～4 个，单株结荚 25 个左右，多者可达 50 个以上。成熟荚黄白色，荚长约 7.5厘米。种皮鲜红色，有光泽，籽粒饱满，商品性好，百粒重 15 克左右。种子含蛋白质约 24.3%，淀粉 50.27%～54.27%。适应性广，抗逆性强，抗病性、耐寒性较好，高产稳产。一般 667 米^{2}产 100～150 千克，高者可达 230 千克以上。

适宜种植在华北平原地区，夏播以 6 月底至 7 月初为宜。

3. 豫豇 1 号

河南省农业科学院选育。中熟，全生育期 80～110 天，植株直立或半直立，株高 50～120 厘米。单株结荚 10～20 个。籽粒紫红色，籽粒蛋白质与总淀粉含量较高。每公顷产量 1200～1500 千克。该品种适宜 4 月中旬至

7月中旬播种，可单作，也可与玉米、高粱、谷子、甘薯、棉花等作物间作套种或种植于果树行间、地头与山坡荒地。

适宜在北京、河北、河南、安徽、陕西等地种植。

4. 豇豆 I00502

中国农业科学院作物科学研究所从博茨瓦纳豇豆品种的抗病变异单株中系统选育而成。中晚熟品种，春播全生育期 87～108 天，夏播 70～80 天。植株蔓生，幼茎绿色，株高 150～290 厘米，主茎分枝 2～4 个，花白色。单株结荚 15～40 个，硬荚，荚长 14～17厘米，圆筒形，成熟荚黄橙色，单荚粒数 10～15 粒。籽粒肾形，种皮乳白色，黑脐环，百粒重 16.0～19.0 克。蛋白质含量 25.59%，淀粉含量 50.73%，脂肪含量 1.60%。耐干旱、耐贫瘠，耐热、不耐涝，感根腐，高抗黄花叶病毒病。

适宜在黄淮地区春播、夏播种植，适宜于干旱、贫瘠地区发展。

5. 豇豆 I00503

中国农业科学院作物科学研究所从广西地方品种资源中群选矮生无蔓的早熟植株，经鉴定筛选而成。早熟品种，春播全生育期 85 天，夏播 70 天左右。植株矮生直立，幼茎绿色，株高 50厘米左右，主茎分枝 2～5 个，花紫色。单株结荚 5～15 个，硬荚，荚长 10～15厘米，圆筒形，成熟荚黄橙色，单荚粒数 8～13 粒。籽粒肾形，种皮橙色，黑脐环，百粒重 10.0 克左右。蛋白质含量 24.96%，淀粉含量 50.28%，脂肪含量 1.39%。耐干旱、耐贫瘠，耐热、较抗根腐病。

适宜性广，可在干旱、贫瘠地区种植，在山西、河北、河南、陕西等地种植表现良好。

6. 豇豆 I00511

中国农业科学院作物科学研究所从辽宁地方品种资源自然杂交种的抗病变异单株中系统选育而成。中早熟品种，春播全生育期 88～112 天，夏播 70～80 天。植株蔓生，幼茎绿色，株高 120～250 厘米，主茎分枝1～4 个，花紫色。单株结荚 15～26 个，硬荚，荚长 12～17厘米，圆筒形，成熟荚黄橙色，单荚粒数 6～12 粒。籽粒肾形，种皮红色，黑脐环，百粒重 18.0～22.0 克。蛋白质含量 25.4%，淀粉含量 45.58%，脂肪含量 1.49%。耐干旱、耐贫瘠，耐热、耐盐碱，较抗根腐病。

适宜于干旱、贫瘠地区种植。

7. 麻豇豆

山西太谷县地方品种，生育期 115 天，株高 2厘米左右，蔓生缠绕类型，无限开花，单株分枝 3～4 个，荚黄色，粒麻色、肾形、百粒重 18.3克。

适宜在山西晋中地区种植，是一个非常出色的地方品种。

8. 二尺长豇黑豆

山西山阴县农家种。蔓生类型，生育期 112 天左右，株高 30 厘米左右，荚长 34 厘米左右，单荚粒数 10～13 粒。籽粒肾形，黑色，百粒重 16 克左右。粮食兼用。

9. 定襄豇豆

山西定襄县地方种。蔓生类型，生育期 136 天，株高 175 厘米左右，荚长20 厘米左右，单荚粒数 15～16 粒。籽粒肾形，红色，百粒重 16 克左右，丰产性好，适宜山西中部地区种植。

10. 中阳豇豆

山西中阳县地方种。半蔓生类型，株高 100 厘米左右，生育期 107 天，荚长 12 厘米左右，单荚粒数 7～9 粒，籽粒肾形，花斑，百粒重 15.2 克，丰产性好。适宜山西中北部地区种植。

11. 红豇豆

山西襄汾县地方种。半蔓生类型，生育期 131 天，株高 90 厘米左右，荚长 13 厘米左右，单荚粒数 9～12 粒。籽粒肾形，红色，百粒重 11.3 克左右，丰产性好，适宜山西南部地区播种。

（二）长荚菜用豇豆

1. 之豇 28-2

浙江省农业科学院园艺所以红嘴燕作母本，杭州青皮红豆作父本杂交后选育而成的优良品种。早熟，生育期 70～110 天。植株蔓生，生长势较强，分枝性。花紫色，嫩荚淡绿色，荚长 60～70 厘米，每荚有种子 18～22 粒，单荚重 20～30 克，种子肾形，红褐色。荚质嫩，肉厚，纤维少，不易老。耐高温、耐干旱，丰产性和适应性广。

除西藏外，全国各地春、夏秋季均可栽培，山西各地普遍种植。

栽培要点：适宜密植，行距 60～70 厘米，穴距 25～30 厘米，每公顷种 60000～70000 穴，每穴留苗 3 株，施足基肥，结荚期追肥 3～4 次。盛花期和结荚初期防治蚜虫和豆荚螟。

2. 早豇 1 号

江苏省农业科学院蔬菜研究所于 1998 年以 T28-2-1 为母本，六月豇豆为父本杂交选育而成。早熟品种，春播全生育期 65～80 天。植株蔓生，幼茎绿色，春播株高 350 厘米，主茎分枝 2.5 个，花淡蓝紫色。单株结荚 25个，软荚，平均每花序结荚 2～3 个，主侧蔓均可结荚，结荚集中，豆荚长60～65 厘米，圆棍形，嫩荚淡绿色，荚肉鲜嫩，纤维少，味浓稍甜，肉质致密，成熟荚淡白色，荚面平滑匀称，单荚粒数 8.5 粒。籽粒肾形，种皮红褐色，白脐，百粒重 14.2 克。蛋白质含量 24.20%，淀粉含量 54.8%。耐旱性较强、耐瘠耐盐碱，商品性好。

适宜在安徽、江苏、山东等地种植。

3. 特长三尺绿

植株蔓生，生长势强，花紫色，荚深绿，荚长 8～11 厘米，肉厚、品质好。早熟，抗病，嫩荚产量可达 37500～52500 千克/公顷。

4. 美国无架豆

植株直立，高 50～60 厘米，分枝强，荚长 40～60 厘米，荚粗 0.8～1.2 厘米，幼荚淡绿，后期变白。肉厚质细。纤维少，肉质佳。春播 60～70 天结荚，夏播 40～50 天可采收嫩荚，一般产量可达 30000–45000 千克/公顷，用种量 30 千克/公顷。

第四节　豇豆栽培技术

一、整地

豇豆忌连作。连作会使土壤酸度增加，土壤中噬菌体繁衍，从而抑制根瘤菌的活动和发育，且易使土壤的磷转化为不溶性而难于吸收利用，从而妨碍种子发育，造成空荚。种过豇豆的地应隔 2～3 年后再种植豇豆。

豇豆对土壤的适应性较强，应注意轮作倒茬。一般排水良好、土壤疏松的各类土壤均能种植，但以能保持适当水分的沙质土壤最好。豇豆不耐盐，适度耐酸，适宜的土壤 pH 值为 5.5～6.5。适宜茬口是谷子、糜子、高粱、马铃薯等。

豇豆播种前要及时深耕和整地，改良土壤结构和其他物理性能，以提高土壤保持水肥的能力。北方春播地区，要做到秋深耕，播前浅耕，细耕，南方要求早耕整地。在整地时应施足基肥，至少施有机肥750000 千克/公顷，过磷酸钙 450～750千克/公顷及硫酸钾 200千克/公顷或草木灰500～750千克/公顷。长豇豆丰产田施腐熟基质肥应超过 75000千克/公顷。

二、播种

豇豆均为直播，播种方法有：条播、点播、穴播和撒播。选择适宜本地区种植的品种，播种前必须精选种子，选择籽粒大、饱满、色泽好、无病虫害、无损伤、具有本品种特征的种子。播种前选择晴天晒种 2～3 天，提高发芽势和发芽率，选种时应注意去杂去劣。直立类型豇豆播种行距一般为 50～70 厘米，株距 10～15 厘米，播种量 20～30 千克/公顷，播种深度4～6 厘米，留苗 15 万株。

蔓生类型品种可以留双苗，如做饲料和绿肥栽培时，播种量可加大到50～70 千克/公顷。播种量应根据不同的栽培用途结合不同地区及品种考虑，使用早熟品种、直立类型品种。在贫瘠地上栽培及晚播时，密度应适度增大。使用晚熟品种、蔓生种在肥沃地上栽培宜早播，密度应当适当减少。豇豆播深 4～6 厘米。南部豇豆区一般应在 5 月上旬以前播种，北部豇豆区最迟应在 5 月底以前播种，南部夏豇豆区应在 6 月底以前播种。

三、田间管理

（一）中耕除草

豇豆的行距较大，生长初期田间易滋生杂草，雨后地表板结，不利植株生长，播种后遇雨要及时破除板结，出苗后要及时中耕除草，松土保墒。一般从出苗到开花，需中耕除草 2～4 次，掌握浅—深—浅原则，以后视田间杂草及墒情进行中耕，不宜过深，以免伤根。同时注意培土。植株封垄后不宜中耕，间套田应随主作物进行中耕除草，雨水较多地区，要注意开沟排水。

（二）施肥

豇豆获得高产，必须正视基肥和追肥的施用，普通豇豆每形成100千克籽粒，约消耗氮（N）3千克，磷（P_2O_5）1.7千克、钾（K_2O）2千克。豇豆对磷钾肥的需求较多，充足的磷钾肥可缩短生长期，促进种子成熟，提高结实率和种子饱满度。豇豆一生所需氮素大部分来自根瘤固氮，但在幼苗期根瘤形成前需给幼苗提供氮素营养。豇豆在幼苗期和生长期对氮肥的需求也很敏感。施用基肥对豇豆有良好的作用，可促进根瘤的活动，多形成根瘤，生长后期应多施磷钾肥。豇豆施肥以基肥为主，追肥为辅，多施磷钾肥，基肥不足时应于开花结荚初期结合灌水或利用雨天进行施肥，一般追施氮肥100～200千克/公顷，磷肥200～600千克/公顷，或追施尿素30～50千克/公顷。对长荚菜用豇豆抽蔓前要少施肥，结荚后可以追肥一次，采收盛期可追肥一次，防止早衰，立秋前再追肥一次。

（三）搭架引蔓

蔓生豇豆必须搭架引蔓，一般多用人字架或与其他高秆作物间作混作，引蔓上架，通风透光，有利高产。

（四）灌溉

豇豆发芽和苗期对水分要求不高，进入开花期要结合追肥，增加浇水次数，以促进生长，增加花荚；雨水过多，则需及时排涝。

四、病虫害防治

（一）病毒病

豇豆发病较普遍，受害严重，常见的有豇豆花叶病与豇豆黄花叶病。主要病毒病源是豇豆蚜传播花叶病毒和黄花叶病毒。表现叶上显黄斑叶、黄绿相间与深绿相间的花斑、畸形，严重的植株矮小，甚至不能开花以致死亡。

防治方法

农业防治：建立无病留种田，选用抗病品种，精选种子，培育壮苗，提高植株本身的抗病能力；实行轮作，避免重茬种植，加强肥水管理，增施磷钾肥；病株病叶及时清除烧毁，减少病源。

化学防治：发病之前或始期，采用200倍波尔多液或50%多菌灵可湿性粉剂500~800倍液，或50%托布津可湿性粉剂600~1000倍液杀菌剂防止真菌病害。发现蚜虫及时喷40%乐果乳剂100倍液或80%敌敌畏乳油1000~1500倍液，重点喷叶背面，消灭病毒源。病毒病发生后多给些肥水，并喷施0.1%~0.5%磷酸二氢钾，减缓损失。

（二）豇豆煤霉病

又称叶霉病和叶斑病，是近年发生较严重的叶部病害。初期叶片发生赤、紫褐色小点儿，扩大成近圆形病斑，潮湿时叶背面产生灰黑色霉菌，致使叶片变小，落叶、结荚减少。

防治方法

农业防治：加强田间管理，合理密植，使田间通风透光，防止湿度过大，增施磷钾肥，提高植株抗病力。发病初期摘除病叶，收获后清洁田间，减轻病菌蔓延。

化学防治：可用1:1:200波尔多液，或25%多菌灵可湿性粉剂400倍液，或50%托布津可湿性粉剂500倍液，或75%百菌清可湿性粉剂600倍液，或65%代森锌可湿性粉剂500倍液，每10天一次，连续防治2~3次。

（三）豇豆锈病

主要侵害叶片，重者叶柄也被侵害。开始叶背产生淡黄色小斑点逐渐变褐，隆起呈脓包状。后扩大成夏孢子堆，表皮破裂后，散出红褐色粉末即夏孢子，后期形成黑色孢子堆，致使叶片变形、早落。

防治方法

选用抗病品种；发病初期喷施15%三唑酮可湿性粉剂1000~1500倍液或50%萎锈灵乳油800倍液，10~15天一次，连喷2~3次。

（四）豇豆白粉病

以侵害叶片为主，也侵害蔓和荚，开始在叶背出现黄褐色斑点，后扩大成紫褐色斑，上面覆盖一层稀薄的白粉，叶斑沿脉发展，白粉遍布全叶，引起大量落叶，此病在南方普遍发生。

防治方法

农业防治：选用抗病品种；收货后及时清除病残株，集中烧毁或深埋。

化学防治：发病初期喷洒 70%甲基硫菌灵可湿性粉剂 500 倍液，或 30%固体石硫合剂 150 倍液，或 50%硫黄悬浮液 300 倍液，7～10 天喷洒一次，连续 3～4 次。

（五）豇豆枯萎病

苗期主要病害症状是引起根茎腐烂，植株萎蔫，主要采用轮作，拔出病株，加强田间管理来防治。

（六）小地老虎

又名地蚕，是为害幼苗的主要害虫。其幼虫在土表层或土表为害，3 龄前幼虫啃食幼苗叶片呈网孔状，4 龄后咬断细嫩茎，造成缺苗断垄和大量幼苗死亡。小地老虎一年也可发生几代。地势低洼、耕作粗放、杂草多的地方发生严重。

防治方法

农业防治：早春铲除杂草，减少小地老虎产卵场所及食料来源；也可结合人工捉杀幼虫。

化学防治：毒饵诱杀 4 龄以下幼虫，将 5000 克麦麸炒香拌入美曲膦酯热溶液中；在幼虫 3龄盛期前，每公顷可选用 50%辛硫磷乳油 750 毫升，或 2.5%溴氰菊酯乳油或40%氯氰菊酯乳油 300～450毫升、90%晶体美曲膦酯 750 克，对水750 升喷雾。

（七）豆荚螟

也称豇豆钻心虫，现蕾前主要为害叶片，以后则钻入花冠及幼荚蛀食为害，造成花蕾与荚脱落，蛀食后产生蛀孔，并产生粪便使豆荚腐烂，严重影响豇豆的产量和品质。

防治方法

农业防治：选用早熟品种，实行与粮食作物间作，保持田间一定湿度，可减轻为害。

化学防治：在豇豆开花期发现幼虫立即用 10%氯氰菊酯乳油或25%美

曲膦酯粉剂或80%的敌敌畏乳油1000倍液喷杀。隔7~10天一次，连续2~3次。

（八）蚜虫

是豇豆主要虫害，又是豇豆病毒病主要传播媒介之一。幼苗期开始至整个生育发育期均可为害，蚜虫多集居叶背面及花芽、嫩叶等植株的幼嫩顶部为害，使叶片卷缩、发黄、植株矮小，影响开花结荚。

防治方法

在蚜虫发生初期，用40%乐果乳剂或40%氧化乐果乳剂1000~1200倍液，抗芽威800倍液，50%敌敌畏乳剂100倍液，重点喷叶背面，隔7~10天喷一次，连续2~3次。

（九）红蜘蛛

又名火龙，以成虫和幼虫群集叶背吸食汁液，叶片被害后逐渐变成红黄色，似火烧，最后叶片脱落，果实干，植株变焦枯。红蜘蛛繁殖快，能很快造成毁灭性损失，要及早制止其蔓延。

防治方法

可用20%三氯杀螨醇乳剂1000倍液，90%美曲膦酯800~1000倍液，或40%氧化乐果乳剂1000~1500倍液或三硫磷等药剂交替喷杀，重点喷背面，连续喷2~3次。

（十）豆象

对豇豆为害严重，成虫在幼荚上产卵，卵孵化后幼虫蛀食种子为害，将籽粒蛀成空壳，不能使用，严重影响种子发芽及其商品质量。

防治方法

可在花期喷施杀虫剂，收获籽粒晒干后，采用药剂熏蒸。一般以磷化铝等熏蒸豆粒和贮藏库，可杀虫兼杀卵。有的地方也采用沸水浸烫、石灰缸或密封贮藏等方法，也可以达到一定的防治效果。

五、收获和贮藏

豇豆早熟种69~90天，中熟种120天左右，晚熟种150天左右，荚果自上而下渐次成熟，需分次采收。普通豇豆的收获在7~9月份，饲用豇豆的收获适期为成荚期。大面积种植时需掌握在3/4的荚果成熟时采用一次性收获。收获过早影响产量和品质；收获过晚，易造成熟荚籽粒脱落。收获后的果荚应及时脱粒晒干、精选、贮藏。贮藏前豇豆种子的水分应控制在14%以下。晒干的豇豆种子可根据条件和数量采用药物熏蒸后贮藏于仓库内，或贮藏在塑料袋内用氯化碳软性胶熏蒸，可保存一年，对发芽率影响不大。豇豆的种子储藏寿命可达4年。长荚菜用豇豆，应采用多次分批采摘嫩荚，成熟一批，采摘一批，适宜采收期应掌握在荚果内籽粒鼓起而变硬前，适口性要好。

第五节　综合利用

一、营养价值

豇豆籽粒营养丰富，豇豆是一种具有药用和保健作用的食物。蛋白质含量高，一般为18%~31%，淀粉含量适中，一般为40%~60%，脂肪含量1%~2%。豇豆籽粒中各种氨基酸含量比较丰富，还含有丰富的矿物质，如钙、磷、铁和维生素A、维生素B_1、维生素B_2等；有毒物质、抗代谢物（胰蛋白酶抑制剂、血球凝集素和肠胃胀气因素）含量少，故在许多地方，特别是在非洲，豇豆是最受欢迎的豆类作物。

豇豆茎叶营养价值较高，结荚盛期茎叶干物质蛋白质含量达21.38%，脂肪5.01%，碳水化合物32.5%，纤维素29.05%。茎叶的纤维素较苜蓿易消化，是奶牛等家畜的优质饲料。长荚豇豆以食用鲜荚为主，鲜荚同样具有丰富的营养价值。鲜荚中含有丰富的维生素和胡萝卜素，是现代家庭的美味蔬菜，营养和食用价值颇高。

二、加工利用

目前豇豆的加工利用仍以传统方式为主，食用方法很多。首先，豇豆籽粒可以与大米、糯米混合煮饭或熬粥，香甜可口，而且比其他豆易煮烂，口感好，如我国传统的农历腊月初八的“腊八粥”，豇豆就是其中原料之一。豇豆还可以磨成面与小麦面掺和食用，弥补小麦蛋白质的不足。掺和豇豆面做出的面条带黏性而滑溜，味道鲜美。豇豆还可以加工制作豆沙、豆酱、罐头、豇豆糕、豇豆式月饼及各式点心。还有用豇豆粒加工成豇豆芽和苗的，以做菜用。

以下介绍几种豇豆加工利用的方法：

（一）长豇豆干的加工技术

品种选择：长豇豆按嫩荚颜色分青荚、白荚和红荚三种类型。青荚种嫩荚细长、深绿，加工后颜色墨绿；白荚种嫩荚肥大，浅绿或绿白色，加工后颜色碧绿；红荚种荚果紫红色，较粗短，不适于加工。以白荚种加工后颜色最好，故选白荚或翠绿、浅绿色品种作为加工原料。

原料选择、处理加工：豇豆选择当天采收、色浅绿、荚长、直、匀称、不发白变软、种子未显露的鲜嫩豆荚。去除病虫害、过老、过嫩及异色鲜荚。加工时要求同批加工豇豆颜色相同，长短均匀，成熟度一致，摊开堆放，以免发热、发黄影响品质。加工前用自来水洗去豇豆上的泥沙等杂质，做到当天采收，当天加工。

热烫：用相当于豆荚重量 8 倍的水（加工用水应符合普通饮用水的标准）放在锅内，加热烧开，每 200 千克水中加入 25 克食用苏打保绿，然后将豆荚倒入沸水中，翻动数次，让豆荚受热均匀，热烫处理一般掌握 3 ~5 分钟，以豆荚熟而不烂为准，如烫的时间太短，豆荚烘干后颜色变黑，烫的时间过长，豆荚产生黏糊，都将会影响质量，应掌握适度。一般每烫 50 千克豆荚加食用苏打一次，一锅水续烫 3 次后须换水，以确保豆干质量。

冷却：将热烫后的豇豆迅速在竹筛上摊开，趁体软时理直。有条件的地方可水平方向吹冷风，加快冷却。

烘干：豇豆烘干可以用香菇烘灶进行烘干，烘干分为三个步骤。

①将冷却后的豇豆连竹筛迅速放入烘灶，每平方米竹筛放 6.5 千克豆荚，温度控制在 90 ~ 98℃，时间为 40 ~ 50 分钟。

②将第一次烘干后的豆荚，二筛并一筛，烘干厚度为每平方米竹筛放 13 千克豆荚，温度控制在 90 ~ 98℃，时间为 30 分钟。

③厚度与第②步相同，温度控制在 70 ~ 80℃，直到烘干为止，时间一般为 3 ~ 4 小时。每个步骤烘干间隔期为 1 ~ 2 小时，烘干过程中火力要均

匀，并将上、下、前、后调换竹筛，使其受热均匀，干燥度一致。

回软：将烘干的豇豆干冷却后，堆成堆，用薄膜覆盖，使其回软，达到各部分含水量均衡，时间一般3~5天。

包装：豆干回软后即可加工包装，一般加工成6厘米长的小段，采用塑膜真空包装。每包250克或500克定量包装，便于销售和消费者携带。

（二）豇豆腌制加工技术

豇豆质地脆嫩，含水量不高，适宜进行腌制加工。腌制豇豆生产在我国比较普遍，但多以散装形式进入市场，品牌小包装的腌制豇豆系列产品不多。在腌制过程中要注意亚硝酸盐的安全问题。豇豆腌制最初的一段时间里会产生大量亚硝酸盐，并有一个高峰持续期。高峰持续期的长短与腌制时的温度有关，在较低温度下，高峰期出现迟，但峰值高，含量也高。亚硝酸盐含量主要聚集在高峰持续期，只要避开这个时期，食用就比较安全。腌制豇豆小包装系列产品加工的工艺流程为：原料采收→预处理（除杂、清洗等）→腌制→浸漂→切分→调味→真空包装→灭菌→冷却→包装贮藏。其中腌制、调味和灭菌工序是整个加工过程的关键，是保证腌制豇豆品质的核心环节。为了保持腌制豇豆的脆性，一般在渍制过程中可加入具有硬化作用的物质，如氯化钙等。

（三）速冻豇豆

工艺流程：原料验收→挑选→切段→复选→浸盐水→漂洗→烫漂→冷却→沥水→速冻→包装→冻藏。

操作要点：原料选择挑选宜采用色泽较深、大小均匀的豇豆品种。豆粒无明显突起，组织鲜嫩，色呈青绿色或淡绿色；青绿和淡绿不得混杂。条形圆直，豆条横断面直径在0.5厘米左右，无病虫害，无斑疤，无杂豆。

①切段、复选。切去豆角两尖端后复选，将花斑豆、异色豆、杂质剔除，注意虫孔。然后切成5厘米的切段。

②浸盐水。用2%盐水浸泡15分钟，除去漂浮的杂质。捞出豆角后用清水漂洗。

③烫漂。在沸水中烫1.5分钟左右，至色泽转为鲜绿色，口尝无豆腥味。烫漂后马上用冷水冷却。冷却后用离心机脱去明水。

④速冻。经前处理的豆角应尽快冻结，可先预冷至0~5℃，然后送速

冻机，用–35℃冷风迅速冻结。

⑤包装。用塑料袋以 250 克或 500 克包装，再用纸箱外包装，每箱 10 千克。

⑥冻藏。应保持稳定的温度和湿度。

质量标准：呈淡绿色或深绿色，色泽较一致；具有本品种应有的滋味及气味，无异味；豆荚鲜嫩，条形圆直，粗细较均匀，豆粒无明显突起，食之无粗纤维感。

（四）豇豆汁加工

豇豆汁是用新鲜豇豆经过拣选、洗净后，再榨汁或提取的汁液，在营养和风味上都和新鲜的豇豆比较接近。豇豆可理中益气、补肾、健脾胃，有一定的药用和保健价值，适宜生产豇豆汁保健饮料。豇豆原汁生产工艺为：鲜嫩荚→清选→破碎→加热→冷却→打浆→榨汁→浓缩→脱气→杀菌→贮藏。

第六章　小扁豆

第一节　概　述

小扁豆，又名滨豆、兵豆、洋扁豆、鸡眼豆等，是野豌豆族小扁豆属中的一个栽培种。根据种子的大小和性状又分为两个亚种。

（1）大粒亚种：花较大，白色有纹，少数为浅蓝色；荚果和籽粒均大而扁，种皮浅绿色带斑点；小叶大，卵形。

（2）小粒亚种：花较小，白、紫或浅粉红色，荚果与籽粒中等偏小；籽粒形如凸透，种皮浅黄、黑色、花纹不一；小叶，小长条形或披针形。两者主要差别如表 6–1。通常认为大粒亚种比小粒亚种进化程度更高。

表 6–1　小扁豆亚种的区别

项目	大粒亚种	小粒亚种
种子	大，扁平，直径 6~8 毫米，千粒重 40~90 克，种皮浅绿或带斑点	小或中，扁圆，直径 2~6 毫米，千粒重 10~40 克，凸透镜形，种皮浅黄至黑色，花纹不一
子叶色	黄色、橙色	红色、橙色、黄色、绿色
荚果	大，扁平，长 15~20 毫米	小至中，凸面，长 6~15 毫米
花	大，长 7~9 毫米，白色有纹，少有浅蓝色，花梗上着生 2~3 朵花	小，长 4~7 毫米，白色、紫色或浅粉红色，花梗上着生 1~4 朵花
小叶	大，卵形	小长条或披针形
株高	25~75 厘米	15~35 厘米
主产地区	地中海，西半球（欧美）	印度次大陆，近东、亚洲西部和东南部

【注：表格来源于《食用豆类作物》（龙静宜等编著，科学出版社，1989）】

小扁豆起源于亚洲西南部和地中海东部地区。在土耳其西部、伊拉克等地都有野生小扁豆分布。小扁豆栽培历史悠久，很早就在亚洲西部的温带地区，及希腊、意大利、埃及栽培，公元前9000至公元前8000年，近东地区及土耳其南部也有栽培，青铜器时期广泛分布在地中海、亚洲、欧洲，后来传入西半球，遍布于美国、墨西哥、智利等地，并从印度传入中国。

小扁豆适宜冷凉气候，多种植于温带或者亚热带、热带的高海拔地区。其中亚洲的种植面积最大，占全世界种植面积的83.8%，主要分布的国家有印度、土耳其、叙利亚、中国等，总产量印度最高。在中国，小扁豆种植面积不大，主要分布在宁夏、陕西、山西、甘肃、内蒙古、青海、云南等省区。小扁豆产量水平各地差异很大，旱作区产量一般500~700千克/公顷，有浇灌条件的可达1700~3000千克/公顷。山西省是全国为数不多的小扁豆种植区域之一。从南到北各县区都有种植，种植面积因年份差异很大，主要分布于山西省晋北的山川丘陵高海拔区。

小扁豆营养价值较高，不仅含有丰富的蛋白质、碳水化合物、维生素和各种矿物质，而且还含有一些稀有的游离氨基酸。与其他豆类植物相比，抗营养因子含量低，极易被人体吸收利用，是优质的植物蛋白源。因此，小扁豆是加工优质面粉、粉条等的上等原料，可与其他谷类混合做成面包、糕点，也可制成速溶豆粉和老、弱、病、婴儿的营养食品，极易消化吸收。小扁豆亦是优良的绿肥和其他作物的好前茬。小扁豆的茎叶亦是饲养家畜的优质青饲料。

第二节　小扁豆的特征特性

一、植物学特性

小扁豆为一年生或越年生草本植物，由根、茎、叶、花和荚果组成。植株有细小茸毛或无毛，分枝多。

（一）根

小扁豆根属主根系，由主根、侧根和根瘤等几部分组成。按照根系的生长发育特点可分为3种类型。

浅根系：根长约15厘米，侧根多，并有旺盛的根瘤；

深根系：主根细长，入土约35厘米。

中间类型：根系长度和侧根数量介于浅根系和深根系之间。

小扁豆与豌豆族根瘤菌共生，根瘤呈长柱形，有时也有分叉，形状不规则，而且有顶端分生组织。根瘤是根瘤细菌和小扁豆作物共生并进行固氮的场所，它的固氮效率因品种、植株生育期而有所不同。植株生长早期，根瘤固氮量较低。到开花时迅速增加，一般开花到籽粒形成初期固氮量达到最高点，占根瘤一生全部固氮量的80%。到接近成熟期，固氮活性下降。在小扁豆生育期中，根瘤数、固氮量、干物质量三者的增长是一致的，呈正相关。

（二）茎

小扁豆茎浅绿色，有的基部紫色，方形，有棱。茎基部木质化，多分枝，且分枝节位很低。株高30~50厘米。下部节间较短，上部节间逐渐加长，在株高约3/4处以上，节间又开始缩短。按照主茎生长形态可分为直立、披散、匍匐等类型。分枝数随类型和生长的生态环境而异。按其生长习性可分为有限生长型和无限生长型。有限生长型的植株，在生长数节后，其生长点即分化花芽，在各茎节的腋芽，抽出若干侧枝，各侧枝也是生长数节后，其生长点分化花芽，不再继续延伸，故植株矮生而直立，成为直立型。无限生长型的植株，其顶端常为叶芽，最初生长数节，节间短，仍可直立生长，其后主茎生长逐渐加快，在主茎生长的同时，其基部腋芽抽出侧枝，侧枝的顶芽通常也是叶芽，不断生长，主茎和侧枝各茎节的腋芽多数可以分化花芽。同时侧枝的腋芽还可抽出侧枝。因此，一株丛生的小扁豆植株，主茎和侧枝在一般情况下，无论是生长速度，还是生长量和结荚多少是不相上下的。小扁豆侧枝的多少因品种的分枝能力和环境条件而定。在良好的栽培条件下，分枝多，生长繁茂，生长量和结荚数常超过主茎。一般直立型植株花期较短，生长期也短，产量较低，但适于密植和机械收割。丛生型植株一般大部分为无限结荚习性，花期较长，生长期亦较长，产量较高。

（三）叶

小扁豆叶为互生羽状复叶，叶间有卷须或刚毛。小叶卵形，长约 1 厘米，浅绿色或蓝绿色，冷凉气候会使小叶变成紫红色，对生，一般为 4~7 对，最多时达 14 对，也有少数互生的。每片小叶基部有叶枕。托叶小，两片，全缘，无小托叶。初生的第 1~2 片叶是单叶或 2 片小叶，以后便是羽状复叶。

（四）花

小扁豆花腋生，为总状花序。花梗较细，长 3~4 厘米，通常每个花序上有 1~3 朵小花，少数有 4 朵。一般每株有 10~150 个花序。花小，长 4~9 毫米，为典型的蝶形花。花冠白色、粉红色、浅紫蓝色或白色有蓝色的纹。花萼筒状，基部分成 5 个窄而尖的裂片，与花瓣等长或长于花瓣。花柱短而弯曲，有细毛，柱头稍膨胀，具腺体。自花授粉作物，异交结实率 0.5%~0.8%。一般晴天上午 9~10 时开花，如遇阴雨天则下午才开花，花序开花顺序自下而上，每朵花持续开放 2~3 天，荚果在开花后 3~4 天出现。

（五）果实

小扁豆花序结荚较少，多数花梗一般只结一荚，极少数结荚 3~4 个。成熟荚黄褐色，长椭圆形，两侧扁，基部圆或稍带楔形，顶部短而尖，无毛。荚长 1~2 厘米，宽 0.35~2 厘米。荚粒数 1~2 粒，少数有 3~4 粒。

种子两面凸出，呈圆透镜形。种子绿、灰、褐、黑、粉红色。种脐小，窄椭圆形，小粒类型百粒重 1~4 克，大粒类型百粒重 4~9 克。出苗时子叶不出土。

二、生物学特性

小扁豆在生长发育过程中，开花结荚时期较长，对外界环境条件的变化比较敏感。因此，对光照、温度、水分、养分等生活条件有一定的要求。

（一）光照

小扁豆属长日照作物。但不同品种对日照长短反应的敏感程度相差很大，很多品种对日照长短反应不敏感。

小扁豆各品种在光饱和点（光强继续上升而光合强度不变时的光照强度）和光合强度（单位叶面积上干重增加的速度）上也是有区别的，说明不同品种对光强的反应是不同的。但是在实际大田群体情况下，他们的群体光合作用产物也是随着光强增加而增加。说明在不同程度上都是喜光的，耐阴是相对的。小扁豆根瘤菌类菌体固氮酶固氮所需的能量来自植物的光合作用所产生的糖分。据测定，类菌体每固定 1 克氮，需消耗 4 克以上糖，固氮和固碳是相互依存的。因而小扁豆作物一般喜光照而不耐阴。

（二）温度

小扁豆属于喜凉作物，要求温度水平低，整个生长发育期需要积温较少，一般需>0℃积温 1500～2000℃，这种作物生物学下限温度在 4～5℃，生育期适宜生长的温度一般在 12～15℃，一般适于秋冬播种或早春播种，苗期可耐受-5～8℃低温。适于温带和亚热带冷凉气候。据国际干旱地区农业研究中心报道，小扁豆冬播时，气温和土温低于 10℃时，需要 25～30天才出苗。而春播气温和土温约 20℃时，7～9 天就出苗。一般情况下生长最适宜温度为 24℃左右，温度在 27℃以上时，对多数品种的生长发育有不利影响。小扁豆在不同发育阶段的最低、最适温度分别是：出苗，4～5℃，6～12℃；现蕾，4～5℃，12～16℃；开花，12～15℃，17～21℃；结荚，10～12℃，17～22℃。除苗期外，在其他生育期都要求较高的温度。另外，大多数根瘤菌生长繁殖最适宜的气温是 29～31℃，土温是 27℃。高于或低于这些温度，都不利于根瘤菌的生长繁殖。

（三）水分

小扁豆种子胀性较大，吸水膨胀后体积增加一倍以上，因此，发芽时需水较多，但播种后如水分过多则容易引起种子腐烂而丧失发芽力。种子的吸水多少又和种子的大小、品种特性、种子来源有密切关系。一般来说，大粒种子，原产干旱地区的种子需水较多；小粒种子，生长在湿润条件下的种子需水较少。也就是小粒的种子比大粒的种子能在更为干旱的土壤中发芽。种子消耗水分的多少，因气候条件、田间管理、生长季节的长短的不同而异。在不同的发育阶段消耗的水量不同。据测定小扁豆在开花、结荚、鼓粒至成熟时期是耗水最多的时期，也是需水的关键时期。此时必须有充足的水分供应才能保证叶片正常进行光合作用和干物质积累，减少落花落荚，使荚粒饱满。在干旱地区或干旱季节，进行灌溉或人工降雨，尤其是人为的用有机物覆盖地面，可明显地提高产量。有机物覆盖能提高土壤水分有效性，减轻水蚀和风蚀，减少水分蒸发而保持土壤水分。小扁豆作物与其他豆类作物相比，一般耐旱而不耐涝，因此多种植于干旱地区或山区，靠自然降雨或底土水分生长发育。在有条件的情况下，在开花结荚期供给足量的水分，不失为提高产量行之有效的方法。

（四）养分

小扁豆和其他禾谷类作物一样，在整个生育期中需要吸收大量的矿物质营养元素。研究表明，必需元素除氮、磷、钾、钙、镁、铁、硫和碳、氢、氧外，还需要硼、锰、铜、锌、钼、氯等微量元素。由于小扁豆本身有一定的固氮作用，因此，施肥时应掌握增施磷、钾和适量施氮的原则，有机肥和无机肥结合的原则，大量元素和微量元素相结合的原则。磷、钾能够促进根瘤固氮，钙对种子的形成和发育起重要作用，钼亦有助于固氮作用，它的增加可以大大提高小扁豆整个生长期叶绿素含量，显著提高光合强度。

（五）土壤

小扁豆对土壤质地要求不严，黏土、轻壤土、冲积土等均可种植。一般要求中性或微酸性、微碱性土壤。在微酸性（pH 值为 5.5～6.5）土壤中生长发育良好、健壮；碱性（pH 值为 7.5～9.0）土壤中也能生长发育，只是产量有所降低。这说明小扁豆有很强的耐碱性。多数小扁豆对盐渍土表现极为敏感。

总体来说小扁豆作物比较耐瘠，但与共生的根瘤菌只有在水分适宜、通气良好的情况下才能正常地发育和进行旺盛的固氮作用。因此，疏松和保水性能良好的土壤环境条件是获取高产的必要保证。同时，要特别重视改良土壤的酸碱度，调节好土壤中各种营养元素的平衡比例。

第三节　小扁豆的栽培品种

小扁豆多为农家（或地方）品种，育成品种不多。美国、叙利亚、印度等国家在20世纪70年代培育了早熟（80~110天）、晚熟（125~130天），抗锈病、抗萎蔫病和抗旱耐涝的品系。如美国的Chilean78（黄子叶）、Redchief（红子叶），印度的L9-12、PantL-406等。

通过杂交育种，国际干旱地区农业研究中心已育成并推广应用的小扁豆品种有几十个，如已在阿尔及利亚推广的FLIP86-20L、在突尼斯推广的FLIP84-103L、在澳大利亚推广的FLIP84-80L和在中国有一定面积的FLIP87-53L等FLIP系列品种。美国育成的品种有Tecka，Large Blond；印度育成的品种有Pusa-1，Pusa-4，T-6，WB-81；埃及育成的品种有Giza9等，都是在产量和熟性方面较好的品种。

中国的农家品种，如山西宁武小扁豆、山西大同右玉小扁豆及陕西白粒小扁豆、灰粒小扁豆等在产区都有一定栽培面积。山西省农业科学院、定西市农业科学研究院、固原市农业科学研究所等单位选育的小扁豆品种已成为当地的主栽品种。

一、优良地方种

（一）襄汾小扁豆

襄汾小扁豆是山西省地方品种。株高39厘米，单株分枝7个，单株结荚102个，千粒重22.0克左右，籽粒浅红色，单株粒重3.8克。产量水平60~80千克/667米^2。

（二）彬县扁豆

彬县扁豆是陕西省地方品种，株高35厘米，单株分枝18个，单株结荚254个，千粒重29.0克左右，籽粒浅红色，单株粒重12.2克。产量水平80~100千克/667米^2。

（三）庆阳扁豆

庆阳扁豆为甘肃省地方品种。株高 40 厘米，单株分枝 13 个，单株结荚 82 个，千粒重 36.0 克左右，籽粒褐色，单株粒重 3.5 克。产量水平 60～80 千克/667 米 ^{2}。

（四）丽江扁豆

丽江扁豆是云南省地方品种，生育期 160 天左右，株高 40 厘米左右，单株分枝 2.6 个，单株结荚 20 个左右，籽粒浅红色，单株粒重 30.0 克左右。产量水平 40～60 千克/667 米 ^{2}。

（五）同心扁豆

同心扁豆是宁夏回族自治区地方品种，生育期 90 天左右，株高 50 厘米，单株分枝 3.6 个，单株结荚 24 个，籽粒浅黄色，千粒重 27.0 克左右。产量水平 40～60 千克/667 米 ^{2}。

（六）定边扁豆

定边扁豆是陕西省地方品种，生育期 100 天左右，株高 40 厘米左右，单株分枝 7.4 个，单株结荚 110 个，单荚数 5.4 个，籽粒浅绿色，千粒重 29.0 克左右。产量水平 60～80 千克/667 米 ^{2}。

二、选育品种

（七）秦豆 9 号

秦豆 9 号由陕西省杂交油菜研究中心豆类室选育，株高 30～40 厘米，株形紧凑，直立。有效分枝 3～4 个，花淡紫色，单株结荚 30～80 个，千粒重 50.0 克左右，籽粒淡黄色，商品性好。秋播生育期 230 天左右，春播 150 天左右，10 月底到翌年 3 月中旬均可播种。产量水平 150 千克/667 米 ^{2} 左右，高产田可达 200 千克/667 米 ^{2}。耐瘠、耐旱，适应性强，抗倒伏，高抗白粉病。

（八）晋扁豆 1 号

晋扁豆 1 号是春性旱地品种，由山西省农业科学院玉米研究所以甘肃农家种平凉扁豆作基础材料，系统选育而成。其生育期 85～95 天，幼苗颜色深绿，生长整齐，长势强，株形直立，株高 30～43 厘米，花色浅紫，单株分枝 9 个，单株结荚 70 个左右，单荚粒数平均 1.8 个，种皮粉红色，子叶米黄色，籽粒扁圆，脐白色，千粒重 25.2～31.1 克，属小粒种。蛋白质含量 27.5%，粗脂肪 1.33%，淀粉 41.07%，游离氨基酸 7.73%。产量水平 59.33～80 千克/667 米 ^{2}。抗旱耐寒能力强，抗倒伏，耐瘠薄，抗病虫害，产量高且稳定，适应性强，增产潜力大。适于在晋西北高寒区及同类生态区种植。

（九）定选 1 号

定选 1 号由甘肃省定西市旱作农业科研推广中心从中国农业科学院作物品种资源研究所引进的 C87 中选育而成。该品种株高 22.0～36.5 厘米，分枝 3.5～5.5 个，白花，花朵很小。主茎荚层数 4.7～8.8 层，每层荚数 1.6～2.6 个，单株荚数 8.4～30.6 个，荚长 1.6 厘米、荚宽 0.7 厘米。每荚粒数 1.4～1.8 粒。单株粒数 17.4～52.3 粒，单株粒重 1.65～2.00 克，千粒重 32.6～39.0 克，全生育期 72～94 天。粒色淡绿，籽粒饱满，粒形扁圆，脐色白。籽粒粗蛋白质含量 28.70%，粗脂肪 0.45%，淀粉 56.60%，赖氨酸 2.09%，灰分 2.44%。抗寒、抗旱能力强，抗倒伏，耐瘠薄，适应性广，商品性好。平均产量水平 46.67～113.33 千克/667 米 ^{2}。适宜甘肃中部、宁夏南部山区干旱半干旱区、阴湿区旱地种植。

（十）定引 1 号

定引 1 号是1992 年甘肃省定西市旱作农业科研推广中心通过青海省农林科学院由国际干旱中心引进的扁豆 1LL6980 中选育而成的。

定引 1 号综合农艺性状优异，生育期 87 天，单株有效荚数 16.0 个，千粒重 38.41 克，单株粒数 25.5 个，双荚率 44.4%，粗蛋白含量 24.9%，赖氨酸含量 1.59%，粗淀粉 45.0%。产量 60～120 千克/667 米 ^{2}。适宜在年降水 350 毫米左右，海拔 2500 米以下的半干旱山坡地、梯田地和川旱地种植。在定西干旱地区及其同类地区大部分地方可作为主栽品种，特别是在根腐病重发区，可以推广应用。

（十一）宁扁1号

宁扁1号由宁夏回族自治区固原市农业科学研究所选育。该品种幼苗深绿色，茎秆、托叶绿色，叶缘齐，株形直立，生长整齐，株高20~35厘米，生育期72~96天，分枝2.5~4个，主茎荚层数4.8~8.6层，每层荚数1.7~2.4个，单株荚数8.2~21.6个，荚长1.5~1.8厘米、荚宽0.6~0.8厘米，荚肾状，每荚粒数1.5~2.0粒，单株粒数15.2~48.5粒，单株粒重1.8~3.2克，花白色，籽粒淡绿色，扁圆形，脐白色，千粒重52.2~55.6克，是宁夏回族自治区大粒型扁豆新品种，籽粒蛋白质含量29.04%，粗脂肪0.72%，粗淀粉45.62%，氨基酸1.51%，灰分2.50%。抗寒、抗旱，耐瘠薄，产量水平90~128千克/667米^2。

（十二）固扁1号

固扁1号由宁夏回族自治区固原市农业科学研究所从地方品种中筛选而成。幼苗淡绿色，株形直立，株高27.6~34.5厘米，长势强。叶片长椭圆形，绿色，叶缘齐，顶叶卷须状。幼苗茎秆浅棕色，成株绿色、圆形、中空，直立，主茎节数12~14个，主茎分枝3~4个。花白色，凋谢后结肾状荚果，长1.3~1.5厘米，宽0.4~0.6厘米，每荚粒数1.5个，主茎荚层数5.8~8.6层，每层荚数1.0~2.0个，单株荚数8.2~31.6个，单株粒数12.6~47.4粒，单株粒重0.4~1.43克。籽粒扁圆形，浅灰色，千粒重27.9~30.1克，属小粒型品种。粗蛋白质含量24.74%，粗脂肪1.24%，粗淀粉51.68%。

该品种为早春中熟旱地品种，生育期为72~80天；种子发芽最低温度为3~4℃，当气温低于-3℃时受冻害，生长最适温度25℃，耐瘠薄，抗倒伏，抗逆性强；适应性广，不仅在宁夏干旱、半干旱和阴湿区旱地均有种植，而且在甘肃、陕西、内蒙古部分地区正常年份生长良好。无病害，增产潜力大，容易落荚。产量水平53.33~100千克/667米^2，最高者可达200千克/667米^2。

（十三）固扁2号

固扁2号由宁夏回族自治区固原市农业科学研究所从中国农业科学院作物品种资源研究所引入的小扁豆C365中系选而成，2013年通过国家小宗粮豆品种鉴定委员会鉴定，编号国品鉴杂2013006。

幼苗深绿色，株形直立，生长整齐，株高28.5～30厘米。叶片长椭圆形，叶缘齐，顶叶卷须状。茎秆绿色，主茎分枝2～4个。花蝶形，白色，肾状荚果，荚长1.0～1.5厘米，宽0.5厘米，单株荚数12～36个，每荚粒数1.3个，株粒数20～50粒，单株粒重0.88～1.7克，籽粒扁圆形，棕色，粒色一致，籽粒饱满，粒形整齐，色泽鲜亮。

早春播、旱地中熟品种，性状稳定，生育期70～84天，种子发芽最低温度为3～4℃，当气温低于-3℃时受冻害，生长最适温度25℃，千粒重33.5～46.0克。籽粒蛋白质含量26.8%，脂肪0.4%，淀粉58.2%；耐瘠薄，适应性强，抗倒伏。抗寒、抗旱、抗病，生育期90天左右，产量水平70～150千克/667米^2。

第四节　小扁豆的栽培技术

一、单作

（一）整地

小扁豆对前作要求不严，常与胡麻、糜子、马铃薯、油菜等轮作，适宜在中性或弱碱性土壤种植。小扁豆播前整地依土壤类型和各地耕作制度不同而异，一般在秋季前作收获后及时进行翻耕或旋耕，早春及时耙、耱，做到上虚下实，地面平整，减少土壤水分散失，为小扁豆发芽和出苗创造良好的环境条件。结合整地，及时施入基肥。

（二）施肥

大量试验表明，小扁豆共生固氮足以提供其生长发育所需的氮素。然而在幼苗阶段，有效的共生固氮作用尚未产生前，土壤中氮素不足，应施入少量氮肥，使小扁豆得以度过“氮饥饿”期。在初次种植小扁豆或连续几年未种过小扁豆的地块上，根瘤菌接种是必要的。一般将种过小扁豆的熟土撒在新垦的地块上可以达到接种的目的。

小扁豆对磷肥的需求量大，一般需五氧化二磷 2.67～3.33 千克/667 米^2，有利于根瘤菌共生固氮和植株的生长。在沙质或严重侵蚀的土壤上，施钾肥可有效地改善小扁豆的籽粒品质。此外，小扁豆生长初期缺锌现象在种植区也很普遍，播种前，作为基肥在土壤中施 0.67～1 千克/667 米^{2}的硫酸锌，可以满足其对锌的要求。

（三）播种

为了提高播种质量，播种前应进行种子精选和处理，以提高种子的发芽率和培育壮苗。种子精选要选择粒大、饱满、无破碎、无病虫害的籽粒作种用，播前应进行晒种，以促进出苗，使幼苗健壮。

小扁豆耐寒性极强，迟播也能得到相当高的产量，但适期播种仍是实现小扁豆高产潜力并保证稳产的关键措施。小扁豆的播期因地区而异，既可春播，也可秋播，如在陕西定边、甘肃、宁夏，一般 3 月中下旬或 4 月上中旬播种，陕西关中、渭北和云南丽江，一般在 9 月下旬至 10 月上中旬播种。

小扁豆的播种方式多为条播或撒播。条播行距常因地区、种植季节、品种、播种期和播种密度不同而不同。播种量根据籽粒大小而定，一般为 2～3 千克/667 米^2，单作留苗以 4 万～6 万株/667 米^{2}为宜，间、套混种以 1 万～1.33 万株/667 米^{2}为宜。此外，还要根据品种、土壤和气候条件确定播种量和留苗密度。播种深度应根据籽粒大小和土壤墒情而定，通常以 3～5 厘米为宜。

（四）田间管理

小扁豆在大多数情况下作为一种免耕作物种植，但对水分有强烈反应。小扁豆苗期需水较少，4～6 片真叶期和花荚期是其两个需水临界期，有灌溉条件的地区此时期应根据苗情和墒情，适时、适量灌水，以保证小扁豆获得较高的产量。

小扁豆植株较矮，在其播种后的前两个月容易遇到速生杂草的为害。如果不进行除草，产量损失将达 70%～90%。一般播后 30 天和 60 天各进行一次中耕除草，将有利于小扁豆的生长发育。

（五）收获与贮藏

小扁豆成熟时易落荚、落粒，因此应及时收获。小面积种植时，一般采用人工整株连根拔起或用镰刀等工具收割。收获后的小扁豆应及时晾晒脱粒，防止遇雨霉变。

脱粒后的小扁豆经充分晾晒和清选后，在干燥冷凉的条件下贮藏，一般可保持良好的发芽率达 5 年以上。小扁豆虽可以长期保存，但随着时间的延长，籽粒颜色将越来越深。

二、套种、混种

（一）小扁豆与地膜玉米套种

1. 茬口选择

3 年内不能用玉米、向日葵等与小扁豆套种。应建立小扁豆套种玉米→小麦→秋杂→胡麻→小扁豆的轮作方式。

2. 整地施肥

整地施肥均按主栽作物要求进行。

3. 播种

品种选择、播量和种子处理与上一部分小扁豆单作相同。因为玉米在 4 月下旬播种，所以小扁豆播种可适当延迟，使二者同期进行。在地膜行间播种，并紧贴地膜。行距 40 厘米，种 2 行，行距 50 厘米种 3 行。

4. 田间管理

除草、松土，可根据情况单独或与玉米一起进行，喷药防虫以小扁豆为主，且与单播相同。开花期结合给玉米灌水，可实施田间灌溉；成熟期控制水分供给，促进正常成熟。

5. 收获

小扁豆比玉米成熟早，收获后能为玉米创造一个快速生长的环境条件。小扁豆的成熟标准、收获、晾晒、脱粒及储存，均与单播时相同。

（二）小扁豆与桑树、枸杞、苹果等低龄果树套种

适于果树行间播种的品种有宁扁 1 号、定选 1 号、固原扁豆等。整地，施肥，播种，田间管理，收获，打碾和储存均与小扁豆单播一样。由

于在果树行间种植，要加强虫害防治，成熟期防止水分过量供给，使落黄正常。

（三）混种

小扁豆主要与小麦或大麦等混播。如陕北主要同大豆、谷子等间作或混种，在甘肃中部、渭北高原、河南、山西等地多与小麦混播，在云南与油菜混播等。

第五节　小扁豆的病虫草害防控技术

一、病害及防治

小扁豆不易受病害侵染，比菜豆属和豌豆属豆类更为耐病。危害小扁豆的病害主要有根腐病、萎蔫病、褐斑病、锈病、白粉病、茎腐病。

（一）小扁豆根腐萎蔫复合病

小扁豆根腐萎蔫复合病又称真性萎蔫，是一种真菌病害。在小扁豆开花前，这种真菌侵染维管束系统，阻止水分的提升，造成植株萎蔫和死亡。气温为17～31℃，湿度约为25%，pH为7.6～8的沙壤土，对这种病的发生最为有利。

防治方法

在农业生产上，选择适宜的土壤质地、pH、水分含量和化学组成的土壤，适时播种，可以减少损失。由于在复合萎蔫病中，有几种病原菌经常同时出现，因而至今还未育成抗病品种。

（二）茎腐病和根腐病

茎腐病和根腐病这两种病害属于土种传病害。湿润且高温的气候对其传染和发展有利，被侵染的植株凋萎、失绿，最后死亡。茎腐和根腐经常与维管束萎蔫同时发生，病情特别严重，目前尚无有效的防治办法。

（三）小扁豆锈病

小扁豆锈病是最为严重的叶部病害，在印度、埃塞俄比亚以及南美大部分地区发生严重。病原菌是一种专性寄生的真菌，能在小扁豆上完成其整个生活史。这种病害在温和的气温（20~22℃）、多云天气和潮湿气候条件下发生严重。国际干旱地区农业研究中心已鉴定出几份具有抗性的小扁豆材料。

小扁豆锈病多在生长中后期发生。病菌主要侵害叶片，严重时茎、蔓、叶柄及荚均可受害。叶片和茎蔓染病初期，边缘有不明显的褪绿小黄斑，直径 0.5~2.5 毫米，中央稍突起，逐渐扩大现出深黄色夏孢子堆，表皮破裂后散出红褐色粉末即夏孢子。在夏孢子堆或四周生紫黑色疱斑。有时叶面或背面可见略突起的白色病斑，寄主衰老后叶片枯死。豆荚染病后形成突出的表皮疱斑，发病重的失去食用价值。

防治方法

农业防治：选用抗病良种，如美国的黄子叶 78、印度的 L9–12 和中国的宁武小扁豆等；春季宜早播，适当密植。

化学防治：可于发病初期用 15%三唑酮可湿性粉剂 1000~1500 倍液喷洒，或用 30%固体石硫合剂 150 倍液防治 1~2 次，隔 15 天左右喷 1 次。

（四）小扁豆褐斑病

小扁豆褐斑病是一种种传病害，侵害叶、茎、荚果和籽实。在传染部位上出现紫色斑块，种子失色。此病一旦发生，会造成小扁豆大幅度减产，目前仅在加拿大等夏季降雨多的地区大量发生。

（五）豌豆花叶病毒病

豌豆花叶病毒病是一种种传病害，也侵染小扁豆，造成叶片萎蔫、畸形，茎秆弯曲，以及花、荚和种子败育。这些种子即便能成熟，也比正常种子小，并有不同程度的变形。已经找到对其具有免疫能力的材料，其抗性由 1 对隐性基因控制。

二、虫害及防治

小扁豆经常受到害虫的为害。其中最常发生的有地老虎、豆荚螟、蚜虫、豆象和叶象鼻虫等。

（一）地下害虫

为害小扁豆的地下害虫有地老虎、线虫等，通过蛀食幼苗茎的生长点和幼根使小扁豆植株死亡，随后又为害幼苗的茎部和根部。

防治方法

用杀虫剂拌种，是防治地下害虫唯一的好方法。

（二）豆荚螟

豆荚螟是小扁豆的主要虫害之一。其幼虫蛀食荚中尚未成熟的籽实，影响产量和品质。

防治方法

可用 2%天达阿维菌素乳油 2000 倍液、20%速灭杀丁乳油 2000 倍液等杀虫剂对其进行有效防治，每隔 7 天喷施 1 次，可喷药 1~3 次。

（三）蚜虫

豌豆蚜、豇豆蚜都为害小扁豆。为害严重时，会造成植株萎蔫、畸形和落花落荚。蚜虫还是豌豆耳突状花叶病毒病、豌豆条斑花叶病毒病和其他种类花叶病毒病的主要传播者，对小扁豆的高产构成影响。宜及早喷药防治。

（四）蓟马

蓟马也是小扁豆上常见的虫害，为害征象是花朵变形、失色，叶上有白色条纹或白色斑点，荚上有褐色条纹。但为害一般不严重。

防治方法

可清除田间杂草和枯枝残叶，以消灭越冬成虫和若虫；加强肥水管理，促使植株健壮生长，减轻为害；也可利用蓟马趋蓝色的习性，在田间设置蓝色粘板，诱杀成虫，粘板高度与作物持平。

（五）豆象

豆象不仅毁坏小扁豆的种子，而且能降低种子的发芽力。小扁豆受豆象为害的程度也因小扁豆品种而异。

防治方法

可在其初花期用药喷雾防治，生育期用药 2～3 次，每次用药间隔 7～10 天。每 667 米 ^{2} 用 25%快杀磷乳油 25 克，对水 15 千克，花期喷药；或功夫 50 毫升，对水 10～15 千克喷雾；或速灭杀丁 50 克，对水 10～15 千克喷雾。

（六）叶象鼻虫

叶象鼻虫有几个种在很多地区造成小扁豆减产，其幼虫蛀食小扁豆的根和根瘤，成虫取食小扁豆叶片，受害的叶片边缘呈齿状。叶象鼻虫为害严重，可致使幼苗死亡。利用熏蒸和杀虫剂可有效杀灭豆象和叶象鼻虫。

三、草害及防控

小扁豆田主要草害有禾本科的稗草、狗尾草、画眉草等；阔叶杂草有藜科的藜、小藜、灰绿藜、猪毛菜；菊科的刺儿菜、大刺儿菜、蒲公英；旋花科的田旋花等。在小扁豆生育前期主要是禾本科杂草为害，后期（收获期）主要是阔叶杂草为害。

防控方法

小扁豆由于生育期短（90 天左右），且植株较矮（株高 20～150 厘米），与杂草竞争的能力弱，在生长前期主要以人工方式进行中耕除草。

第六节　小扁豆的营养价值与综合利用

一、营养价值

小扁豆成熟的干籽粒富含蛋白质、碳水化合物、维生素和矿物质元素，蛋白质中含有人体必需的各种必需氨基酸，营养价值较高，具有健脾和中、化清降浊、除湿止渴的功效（表 6–2、表 6–3）。

从表 6–2 中看出，小扁豆籽粒蛋白质含量是小麦的两倍多，还富含铁和钾，但缺乏胡萝卜素和维生素 C。小扁豆还含有维生素 A、维生素 E、维生素 K 等。

表 6–2　小扁豆和小麦的营养成分比较（100 克干籽粒含量）

项目	小扁豆（去皮）	小麦	项目	小扁豆（去皮）	小麦
热量（千焦）	1423.5	—	磷（毫克）	350.0	383.0
水分（克）	12.2	13.0	铁（毫克）	7.0	3.1
蛋白质（克）	23.7	11.5	钠（毫克）	84.0	53.0
脂肪（克）	1.3	2.2	钾（毫克）	780.0	349.0
碳水化合物（克）	57.4	69.3	硫胺素（毫克）	0.5	0.57
粗纤维（克）	3.2	2.3	核黄素（毫克）	0.3	0.12
灰分（克）	2.2	1.7	烟酸（毫克）	2.0	4.3
钙（毫克）	6.8	36.0	维生素（毫克）	4.0	0

【注：表格来源于《中国食用豆类学》（郑卓杰主编，中国农业出版社，1997）】

小扁豆籽粒蛋白质含量较高，蛋白质中氨基酸的组成对于其营养品质来说极为重要。但从表 6–3 中看出，小扁豆籽粒中含硫氨基酸（蛋氨酸和胱氨酸）和色氨酸的含量比小麦低，可见其蛋白质的质量比有些食用豆类稍差些。

表 6–3　小扁豆籽粒中的氨基酸含量（毫克 /1 克氮）及其与小麦的比较

氨基酸种类	小扁豆（褐粒）	小扁豆（去皮）	小扁豆（大粒亚种）	小麦
赖氨酸	516	496	520	186
蛋氨酸	25	43	15	127
苏氨酸	212	192	247	184
亮氨酸	468	465	474	472
异亮氨酸	260	252	268	348
缬氨酸	308	329	468	313
苯丙氨酸	262	308	304	334
色氨酸	39	48	41	50
精氨酸	612	524	493	353
组氨酸	174	166	177	166
丙氨酸	265	252	207	230
天门冬氨酸	788	921	690	315
谷氨酸	1092	1088	1080	2100
甘氨酸	270	259	262	250

续表

氨基酸种类	小扁豆（褐粒）	小扁豆（去皮）	小扁豆（大粒亚种）	小麦
脯氨酸	309	266	290	587
丝氨酸	320	303	312	382
酪氨酸	253	204	214	225
胱氨酸	39	17	34	121

【注：表格来源于《中国食用豆类学》（郑卓杰主编，中国农业出版社，1997）】

小扁豆脱粒后剩下的秸秆、荚皮和叶片等是家畜的优质粗饲料。据测定，其中含有脂肪 1.8%，蛋白质 4.4%，碳水化合物 50%，纤维 21.4%，灰分 12.2%。在叙利亚、约旦和中东其他地区，当传统的牧草生产在旱季来临后大幅度减少时，小扁豆秸秆、荚皮等的售价几乎与籽粒相同甚至高于籽粒。

小扁豆各部位营养成分见表 6–4。小扁豆全株干草和籽粒无氮浸出物和灰分含量均较高，蛋白质含量在全株干草和荚壳中稍低。

表 6–4　小扁豆各部位的营养成分

分析部位	营养成分占干物质比例（%）				
	粗蛋白质	粗脂肪	粗纤维	无氮浸出物	灰分
全株干草	4.98	2.04	24.21	56.55	12.22
籽粒	26.70	1.20	0.50	59.60	12.00
荚壳	12.60	0.80	29.00	54.10	3.50

【注：表格来源于《中国食饲用植物》（陈默居、贾慎修主编，中国农业出版社，2002）】

（一）食用

小扁豆营养价值较高，富含钾，每 100 克干豆中含钾高达 780 毫克，蛋白质含量也较高，但氨基酸组成中蛋氨酸和色氨酸含量略低。小扁豆与小麦一起磨粉后做主食，也常与小米等一起煮食，在营养成分上可以互补，提高营养价值。

（二）菜用

小扁豆的嫩荚可炒食，质嫩微甜。豆粒可生鲜豆芽，可做豆汤、豆蓉。小扁豆的豆芽、嫩荚和嫩叶都是优质蔬菜。

（三）饲用

小扁豆籽粒是精饲料，提取淀粉后的残渣仍含40%的蛋白质。小扁豆鲜茎叶柔嫩，适口性好，干草营养也较好，都是牲畜的优良饲料。荚壳也可饲用。

（四）肥用

新鲜茎叶柔软易腐烂，含氮约6.7%，是优良绿肥。小扁豆是谷类作物的好前茬。

二、加工技术与产品开发

（一）食品加工

小扁豆是加工优质面粉、粉条、淀粉的上等原料。在中国主要将小扁豆磨成粉制作面食。在印度，小扁豆主要做成一种豆瓣食用，小扁豆粉也与其他谷类面粉混合做面包、糕点，并制作婴儿和病人的营养食品。在欧美和地中海地区，小扁豆主要用来制作罐头食品、甜食和速溶小扁豆粉，也可将小扁豆脱去种皮后用豆瓣做汤。脱皮豆瓣易消化，并可缩短烹调时间。

小扁豆籽粒制作的淀粉，可用于纺织和印刷工业。

下面介绍几种常用的小扁豆加工方法及做法：

1. 扁豆干

挑选鲜嫩、不鼓粒、无病虫斑、整齐一致的扁豆，抽掉筋，洗净，放在沸水中烫漂，烫漂时要使扁豆全部浸入水中，待锅内水再次沸腾时即可捞出，使其冷却，再均匀地平铺在置于通风处的芦席（或竹垫）上，经过7天左右即可阴干。阴干后的扁豆干平整光滑，色泽淡绿透明。也可将烫漂、冷却后的扁豆平铺在芦席上放在太阳下曝晒，但曝晒后的扁豆干商品性状不及阴干的扁豆干好。最后将扁豆干分层叠好，放入复合塑料食品袋中密封，放在干燥处保存。食用前，只需将食品袋打开，取出扁豆干在热水中浸泡2~3分钟，即可凉拌或炒食。此加工方法简单、便捷，加工成本低，且产品可长期保存。

2. 泡扁豆

选用鲜嫩扁豆，用清水洗净、沥干，放入坛中，再按鲜扁豆 10 千克，加卤水 10 千克、干椒粉 250 克、精盐 2 千克、白酒 100 克、白砂糖 200 克的比例一同放入缸中，充分拌匀，密封坛盖，泡 3 天即成。泡好的扁豆带有一股清香，脆嫩爽口，风味十足。

3. 虾油扁豆

选用鲜嫩扁豆，去除杂质，抽掉筋，洗净，入锅煮开后捞出投入冷水中，直到凉透为止，再捞出沥干水，放入缸中，按 100 千克鲜扁豆配 60 千克虾油的比例，倒进虾油浸渍 8～10 天，中间倒两次缸即成。虾油扁豆成品不仅保持扁豆的新鲜色泽，而且质地脆嫩。

4. 速冻扁豆

选用成熟度适中的新鲜扁豆，去除有病虫斑、畸形、有鼓粒的次扁豆，抽掉筋，根据需要切成条或丝。将扁豆用清水洗净，然后投入沸水中，待锅内水再次沸腾时，立即取出进行冷却，可采用水冷或风冷。水冷后要沥去表面浮水。冷却后的扁豆要进行快速冻结，至扁豆中心温度在 -18℃时即可，然后密封包装，置 -18℃的冷库内贮藏。此方法虽然加工成本较高，但由于食用方便，更能保持扁豆的新鲜色泽、风味和营养成分，因而受到了消费者的普遍欢迎。速冻扁豆将是以后扁豆深加工的主要方法，也是出口创汇的佳品。

5. 小扁豆炖番茄

材料：水 1 升、干小扁豆 200 克、橄榄油 3 汤匙、青椒 1 个、洋葱 1 个、番茄 500 克、盐适量、新鲜黑胡椒粉适量

做法：

(1) 将青椒、洋葱、番茄等清洗干净并切碎；

(2) 取一大锅，放入水，烧开；

(3) 搅拌入小扁豆，将火调小，煮到小扁豆变软，约 20 分钟；

(4) 将小扁豆捞出放篮子里，沥干；

(5) 置大煎锅于中火，放入橄榄油预热，加青辣椒和洋葱一起炒；

(6) 炒至青辣椒和洋葱变软，下番茄再炒匀；

(7) 然后加入小扁豆，加盐和黑胡椒粉调味，混匀；

(8) 将火调小，再煮 25～30 分钟，直到小扁豆软烂即好。

6. 剁椒小扁豆

主料：小扁豆 500 克

辅料：油适量、盐适量、剁辣椒适量、料酒适量、大蒜适量、生抽适量

做法：

(1) 将小扁豆清洗后去掉头尾硬头，并掰成对半两片；

(2) 将蒜头清洗干净并切碎备用；

(3) 在锅中放油，并将油热好，放入切好的蒜头爆香；

(4) 接着放扁豆翻炒；

(5) 放半碗水、盐、剁椒、料酒、生抽；

(6) 收汁即可。

(二) 药用

国内对小扁豆的医药价值研究较早，许多单位的研究工作获得的成果，已用于临床实验。

第七章　蚕　豆

第一节　概　述

蚕豆别名胡豆、佛豆、罗汉豆、大豆等。蚕豆起源有几种观点。1931年 Muratova 提出大粒蚕豆原产于北非，小粒蚕豆原产于里海南部。1935年瓦维洛夫根据在中亚的喜马拉雅山脉和兴都库什山的交会地区发现有小荚、小粒的原始类蚕豆，而提出中亚的中心地区是蚕豆的最初起源地，并自中亚沿纬线山脊向西伸到伊朗、土耳其、地中海到西班牙，蚕豆籽粒逐渐增大，特别是根据西西里岛和西班牙的蚕豆比阿富汗喀布尔地区的蚕豆大7~8倍的事实，得出结论，认为地中海沿岸及埃塞俄比亚是大粒蚕豆的次生起源地。1972年 Schultze-Motel 依考古学的证据，认为蚕豆是在新石器时代后期（公元前3000年）被引入农业栽培的，而不是第一批被驯化栽培的作物。据 Hanelt 等人1973年报道，在以色列到土耳其和希腊海岸线以东未有史前的考古发现。在死海北面的杰里科发现有新石器时代蚕豆残留的种子，被确认为公元前6250年遗物。在西班牙和东欧的新石器时代及瑞士和意大利等地青铜器时代遗址中发现蚕豆残留物。有些学者认为蚕豆发源地为西南亚洲到地中海地区。最近许多研究证明蚕豆可能起源于亚洲的西部和中部，其祖先和起源地区仍未确定。1974年 Cubero 推测蚕豆起源中心在近东地区，并由此向四个方向传播；向北传播到欧洲；沿北非海岸传播到西班牙；沿尼罗河传播到埃塞俄比亚；从美索不达米亚平原传播到印度，从印度传播到中国。后来阿富汗和埃塞俄比亚成为次生多样性中心。

蚕豆何时传入中国没有正史记载，公元 3 世纪上半叶，三国时代张揖《广雅》中有胡豆一词。公元 1057 年北宋宋祁《益都方物略记》中记载："佛豆，豆粒甚大而坚，农夫不甚种，唯圃中莳以为利，以盐渍食之，小儿所嗜"。明朝李时珍《本草纲目》（公元 1578 年）说："大平御览云，张骞使外国得胡豆归，今蜀人呼此为蚕豆"。若此说可靠，蚕豆传入我国的历史已有 2100 多年。但据 1956 年与 1958 年在浙江省吴兴县发掘出的新石器时代晚期的钱山漾文化遗址中出土了蚕豆半碳化种子。又据甘肃省 1973 年广河县地巴坪出土的半山类型的彩陶在"葫芦型网纹间夹绘的四个小纹饰中，有蚕豆粒特有的形象"。说明在距今的四五千年前就已经栽培蚕豆了。在云南丽江一带有一种拉市青皮豆，栽培历史悠久，据说是当地土生土长的原产品种，在宾州还有野生蚕豆分布。所以，关于蚕豆起源问题说法不一，还有待深入研究。

蚕豆是一种富淀粉、高蛋白、低脂肪的豆类作物。蚕豆中 8 种氨基酸总量比小麦高 3.3 倍，比玉米高 2.95 倍；赖氨酸是小麦的 7.7 倍、玉米的 6.4 倍，超过禽畜肉类的含量。蚕豆既可作主食，又可作副食，是食品加工业的原料，除可加工成蚕豆粉丝、粉皮、粉条、五香豆、兰花豆、怪味豆、酱油、辣酱等传统产品外，还可用现代工艺提取蛋白粉、淀粉、纤维粉等多种医药和轻化工原料。蚕豆作为饲料，尤其是春蚕豆产区，麦收后复种一茬蚕豆秧作为猪、羊的青饲料效果甚佳。蚕豆也是一种重要的蔬菜作物，青蚕豆富有蛋白质、糖分、矿物质和多种维生素。青蚕豆除了鲜食以外，还可加工成速冻蚕豆和青蚕豆罐头出口。干蚕豆是耐贮藏蔬菜，可以通过发芽成为"芽蚕豆"，是我国特有的最早的无土栽培蔬菜之一。干蚕豆还可以加工多种系列佳肴。另外，蚕豆的籽粒、茎叶、种皮、花、荚壳等都有药用价值，主要有健胃利湿、消水肿、止血、止泻和一定的抗肿瘤功效。同时，由于蚕豆不含动物具有的胆固醇，而含有豆固醇，它可干扰体内胆汁所分泌的胆固醇的吸收，因而可以降低人体血清胆固醇，防治脑出血和动脉硬化等症。又因蚕豆赖氨酸等必需氨基酸含量高，多食蚕豆制品，对蛋白质缺乏、营养不良、老年人和糖尿病人都有良好的食疗作用。

第二节　蚕豆的特征特性

一、植物学特性

（一）根和根瘤

蚕豆根由主根、侧根和根瘤三部分组成。其功能是吸收养分和水分，也有一定的固定、支撑植株的作用；并具有共生固氮作用，即有固定游离态氮的能力。蚕豆主根、侧根及各级分枝根上簇生各种根瘤，它们由皮层、无类菌体组织，分生组织、类菌体组织和维管束等组成。固氮任务是由类菌体完成的。根瘤菌就从根毛表皮细胞进入根的出生皮层，并快速繁殖，据研究，每公顷 2250 千克的蚕豆，可固氮 236.1 千克，除自身用外，还有 75 千克残留土壤。而细菌面积占根瘤总面积的 40%~50%。

（二）茎秆

茎秆的功能在于支撑叶片和荚果，也就是决定叶面积分布和结荚部位的合理配置的重要因素。同时具备输送养分和水分之功能。蚕豆茎秆为草质茎，直立，呈四棱形，表面光滑无毛，质柔嫩，中空多汁。其高度差异甚大，从 30 厘米到 180 厘米不等，一般早熟品种较矮，晚熟品种较高。幼茎淡绿色，有的品种上部茎呈浅紫色，成熟后变黑褐色。茎从子叶的两腋长出，通常直立不倒伏，但有些品种在结荚时易倒伏。

（三）叶片

叶片是进行光合作用的主要器官，蚕豆群体的光合层是生产有机物质的主要层次。在其生长发育过程中，尤其是蚕豆生育后期，叶片的大小、功能及叶层配置与光能利用和产量形成有十分密切的关系。蚕豆的叶分为子叶、单叶和复叶。蚕豆产量在很大程度上取决于光合作用强度，在肥水充足条件下的一定范围内，增大蚕豆单位叶面积，可以充分利用阳光，达到增产的目的；但叶片过多会造成荫蔽，影响光合作用的进行，对增产不利。因此，栽培上应注意采取综合配套技术，做到合理密植，科学施肥，使植株不徒长，不早衰，叶片多少适度，就能提高光能利用率，增加干物质的积累。

（四）花

蚕豆花为蝶形花，大多为自花授粉，一般着生在第10片叶腋间以上的花梗上，花朵聚生成花簇。一个花簇着生花2~6朵，多的达9朵。但这些小花中结荚的不多，有的花簇上没有一朵小花能结荚，即使能结荚的通常也只能结荚1~2个，只有在外因良好的情况下才可能发挥多花多荚的优势。

（五）荚果

蚕豆单株结荚数是高产的主要因素之一。蚕豆的果实为荚果，由子房发育而成，一小心皮组成圆筒形。豆荚单独或成簇着生在节上，每株可结荚10~30个，荚果嫩时为绿白色，亦能进行光合作用。春蚕豆荚果在同化产物中的作用占总量的20%，幼荚肉质多汁，荚内有丝绒状茸毛。荚长扁平而肥大，皮软而厚，被茸毛，荚长一般为5~15厘米，宽2厘米左右，形如老蚕。

（六）种子

蚕豆的种子的形状、大小、颜色各不相同，其形状扁平，长圆形，略有凹凸；成熟后种子的皮光滑，种皮颜色有青皮种、红皮种、白皮种、黑皮种、绿色种以及乳白色种。种子在良好的贮藏条件下。一般可保存2~3年，长的可达5~6年，甚至有贮存15~20年者，发芽力并无明显下降的品种。蚕豆种子大小和种皮颜色也可作为区别蚕豆品种的依据之一。根据种子大小可分为大粒种、中粒种和小粒种。

二、蚕豆对环境条件的要求

（一）温度

蚕豆属于较耐寒作物，耐寒力不及大麦、小麦、油菜、豌豆，但能忍受-4℃的温度，到-5~-7℃时，即将遭受冻害。植株开始受害或部分死亡的临界温度是：出苗-5～-6℃，开花-2～-3℃，结荚期-3～-4℃，乳熟-2～-3℃；大多数植株死亡的临界温度是：出苗-6℃，开花-3℃，成熟-3～-4℃。由此看出，蚕豆的适宜栽培的地区还是比较广泛的。无论海洋或大陆性气候的平原、丘陵、高山或高原地区均能生长。

（二）光照

光周期效应是决定作物品种、作物栽培措施的主要因素之一。作物的许多形态和发育变化与光照时间有关。蚕豆是长日照类型作物。即在长日照条件下植株开花提前。但对长日性并非十分严格。蚕豆生长期中，光合生长率有两个高峰期，一是开花结荚期，二是鼓粒灌浆期。在栽培技术上，应根据蚕豆对日照反应的特点，安排适时播种，合理密植，科学灌水和施肥，适时整枝摘尖，使其有一个合理的群体结构，改善通风透光条件，提高光能利用率，减少病虫侵害，对提高产量有明显的作用。

（三）水分

蚕豆对水分的要求，因不同的生育时期而不同。播种至出苗期，由于种皮较厚，吸收水分较慢，在种子发芽时，必须吸足相当于种子本身重量的1.2～1.5倍的水分，才能保证迅速发芽。发芽的需水量，也与种子的大小有关，种子越大，需水量越多，发芽所需时间也就越长；小粒种子，需水则少。

（四）矿物营养

蚕豆植株或器官除含有氮、磷、钾三要素外，还含有猛、铜、锌、铝等微量元素，加之根瘤的形成和固氮过程需要许多的钙素，所以蚕豆营养上与其他豆类一样属于钙素作物。

第三节　蚕豆品种

一、选育优良地方种

（一）慈溪大白蚕

浙江省慈溪市的一个地方品种。一般与棉花间、套作，667 米^{2}产 200 千克以上。大粒品种，百粒重 120 克左右，种皮乳白色，色泽光洁。蛋白质含量 29.5%，食味好，商品价值高。国际上畅销，对耕作条件要求严格，耐湿性较差，为晚熟品种，在当地霜降前后播种，次年 5 月底成熟。每 667 米^{2}播种量 12.5 千克。

（二）上虞田鸡青

浙江省上虞市的地方品种，耐湿、耐迟播，适于平原水网地区种植。中熟种。种皮绿色，百粒重 80 克左右，蛋白质含量 31.5%，品质优良。在当地 10 月底播种，次年 5 月下旬成熟，667 米^{2}产 150 千克，每 667 米^{2}播种量 10 千克。

（三）崇礼蚕豆

河北省崇礼县地方品种。早熟、种皮浅黄色，百粒重 110～120 克，蛋白质含量约 24.0%，植株紧凑，喜水肥，适于密植。在当地于 5 月上旬播种，霜冻前收获，667 米^{2}产可达 200～250 千克，硬实少，炒食或油炸酥脆，食味很好，在国际市场上畅销。

（四）临夏马牙

甘肃省临夏州地方品种。晚熟、春性强，全生育日数 155～170 天，植株高大。种皮乳白色。百粒重 120 克，蛋白质含量 23.7%，适于在海拔 1700～2500 米，无霜期 160 天左右的山阴地和水川地种植。应适当稀植，每 667 米^{2}1.0 万～1.2 万株。667 米^{2}产 250～350 千克；高的可到 450 千克。

（五）湟源马牙

青海省湟源县地方品种。中熟品种，全生育日数140~150天，春性强，株高120~150厘米。种皮乳白色，百粒重160克左右，蛋白质含量25.24%。适应性好，产量高而稳定，多种在海拔1800~3000米处。一般水地667米²产250~350千克，山地150~200千克。耐水肥，抗逆性较强，适应性较广，在川水地区每667米²种1.2万株，山地种1.5万株。

二、选育优良品种

（一）临夏大蚕豆

甘肃省临夏州农业科学研究所通过有性杂交育成的品种。中熟，春播全生育日数约160天，春性强，株高约140厘米。种皮乳白色，百粒重约170克，蛋白质含量27.9%，喜水肥，丰产性好，适应性好，在海拔1700~2600米处均能种植。在山阴地区每667米²种植1.2万~1.5万株，川原灌区每667米²种植1.2万株为宜。在临夏州川原灌区667米²产300~450千克。

（二）临蚕5号

甘肃省临夏州农业科学研究所选育。生育期150天，株高110~160厘米，单株分枝1~3个，单株结荚10~15个，籽粒白色，百粒重165~200克，籽粒含蛋白质23.4%，淀粉50.8%，脂肪0.8%。

（三）青海3号蚕豆

青海省农林科学院通过有性杂交育成的品种。春性强，株高120~150厘米。种皮乳白色，百粒重150克，蛋白质含量24.8%。耐水肥，适于在气候较温暖、灌溉条件好的川原灌区种植。在西宁以东于3月中下旬播种，每667米²播种1.2万~1.3万株，667米²产250~500千克。

（四）成胡10号

四川省农业科学院通过有性杂交育成。适于在中等以上肥力土壤中种植。为粮饲兼用品种。种皮浅绿色，百粒重80~90克，较抗蚕豆赤斑病。

高产稳产，667 米^{2}产约 150 千克。

（五）启豆 1 号

江苏省启东市用系统方法选育的品种。在当地秋播全生育日数 220 天左右。抗锈病、耐赤斑病。种皮绿色，百粒重 90 克左右，蛋白质含量 31.4%。667 米^{2}产 150~175 千克。

（六）云豆 324

云南省农业科学院选育。中熟，生育期 182~187 天，株高 80~110 厘米，单株分枝 3.9 个，单株结荚 10~23 个，种皮绿色，种脐绿色，百粒重 133 克。

（七）云豆 363

云南省农业科学院选育。中熟，生育期 183~192 天，株高 80~106 厘米。单株分枝 3.2 个，单株结荚 9~23 个。种皮、种脐白色，百粒重 93 克左右。籽粒淀粉含量 48%。

第四节　蚕豆栽培方式

一、种植形式

蚕豆因有根瘤菌固氮，可以培养地力，与其他作物轮作、间作、套种，可以一季丰收，全年增产。各地轮作、间作、套种方式不同，但其目的和特点是每块地每年能种一季豆类作物，用地养地结合，能满足各种作物对各种营养元素的需要，获得各种作物较好产量；所以粮食作物、经济作物和豆类作物轮作、间作、套种，可避免重茬，减轻病害，有利耕翻土地，熟化土壤，从而可以增加产量。在北方和西北一年一季的地区，轮作方式比较简单，如甘肃省临夏州常为小麦—蚕豆—青稞—小麦、小麦—玉米—小麦—蚕豆、小麦—小麦—蚕豆。

二、高产栽培技术

（一）品种选择

我国蚕豆地方品种很多，也有少量选育品种。蚕豆的类型按种子的大小可分为小粒类型（百粒重在 70 克以下）、中粒类型（百粒重为 70～120 克）、大粒类型（百粒重在 120 克以上）；依种皮颜色分有青皮（绿皮）豆、白皮（乳白）豆、红皮（紫皮）豆和黑皮豆四个类型；按用途分有食用类型、饲用类型和绿肥类型。食用类型一般籽粒较大，口味较好；饲用类型一般粒小或很小，而且近似球形；绿肥类型一般粒较小，但分蘖力强，植株生长茂盛。按荚的长度可分为长荚型（荚长 10 厘米以上）和短荚型（荚长 10 厘米以下）；根据苗期耐低温能力的强弱，我国蚕豆可分为秋播蚕豆（冬性蚕豆）和春播蚕豆（春性蚕豆）；按生长成熟期的长短可分为早熟型、中熟型和晚熟型，这种熟性的划分，因各蚕豆栽培地区的气候条件和栽培制度而不同，选择适宜当地生态条件和市场需求的优良品种。

（二）田块选择

选择地势平坦、灌排方便、耕层深厚、肥力中等和上等水平、中性或微碱性土壤的田块。适宜于 pH6.2～8.0 即微酸性到微碱性的土壤，因为在这种酸碱度范围内有利于根瘤菌的活动，有增产效果。选择小麦或洋芋茬口，避免以豆类作物和油菜为前作。豆麦轮作区 2～3 年轮作一次。具体的适宜指标为土壤容重在 1.2 克/厘米^{3}左右，土壤耕作层空隙度在 50%以上，有机质含量 1%以上。

（三）田间管理

1. 整地和灌溉

播前要按照“早、深、净、细、实、平”标准整地。前作收后及时深翻、耕深 25.00–30.00 厘米，要求耕深一致，不重不漏，犁垡齐平，以提高土壤保水保肥能力和通透性能。当日均温降至 0～2℃，土表达日消夜冻状态时灌冬水。返春后，及时耱平保墒。未进行冬灌的地块及时进行春灌，蚕豆播种前 15～20 天灌溉，灌后土壤达适耕状态及时耙耱保墒。播种前浅翻15.00～20.00厘米。

2. 施足底肥

蚕豆要高产，根据其对养分的需要和吸收特点，应重施底肥，底肥以农家肥为主，适当配合化学肥料，增施磷、钾肥，以促进根系生长、根瘤形成和增强固氮能力，培养壮苗，为分枝、开花、结荚、丰产打下基础，底肥可每667米^{2}施用腐熟的农家肥2000千克左右。

3. 种子选择

选择胚部饱满、大小均匀、无病虫斑点的籽粒作种。

4. 播期和播量

蚕豆在全国大多数省区都可种植，长江以南地区以秋播冬种为主，长江以北地区以早春播为主。在全国除山东、海南和东北三省极少蚕豆种植外，其余省（区、市）均种有蚕豆。其中秋播蚕豆以云南、四川、湖北和江苏省的种植面积和产量较大，而春播蚕豆以甘肃、青海、河北、内蒙古较多。限制蚕豆播种期的主要因素是温度。蚕豆性喜温暖而湿润的气候，不耐高温，但能忍受0～-4℃的低温，在-5～-7℃时即受冻害，植株开始受害或部分冻死的临界温度是：苗期为5～6℃，开花期和乳熟期为2～3℃。在长江中下游地区，秋播蚕豆全生育期>5℃积温为1200～1300℃，在甘肃省南部和青藏高原地区，春播蚕豆全生育期≥5℃的积温为1300～1500℃；在内蒙古、河北及山西省北部、甘肃省河西走廊等地春播蚕豆全生育期≥5℃积温1700～1900℃。无论海拔或纬度高低，凡1月平均气温低于0℃和7月平均气温高于20℃的地方不太适宜种植蚕豆。应当根据上述出苗温度和积温来决定某地蚕豆的播种期或能否播种蚕豆。

当日平均气温稳定通过2～3℃，于3月中旬至4月上旬播种，青荚生产采用分期播种，每隔15天种植一期。干籽粒生产播种量19.00～20.00千克/667米^2；青荚生产播种量13.30～15.00千克/667米^2。

5. 种植密度

干籽粒生产基本苗1.00～1.10万株/667米^2，采用等行距种植平均行距40.00厘米，株距14.00～16.00厘米；或采用3窄+1宽的宽窄行种植，窄行行距30.00厘米，宽行50.00厘米，平均行距35.00厘米，株距16.00～20.00厘米。青荚生产基本苗0.70～0.80万株/667米^2，3窄+1宽种植，窄行行距30.00厘米，宽行50.00厘米，平均行距35.00厘米，株距18.00～20.00厘米。播种深度为6.00～8.00厘米。

6. 播种方式

开行（翻犁）点播方式，长江流域多数省、市采用这种方式，春播区也用这种方式。在这些地区，蚕豆生长季节内雨水较多，湿度较大而蒸发量较小，一般能满足蚕豆对水分的要求，而且土壤比较疏松，容易碎细。开行播种能给蚕豆生长发育创造一个良好的土壤条件。这种方式是在前作物收获后进行翻耕、碎细土块、整平、分畦、再开行点播，每 667 米^{2}播 5000～8000 穴，播后用灰肥或细土盖好。

"板沟按豆"播种方式，云南省多用这种方式，贵州省也有利用。这是因为云南省主产区常冬春干旱，气温较高，土壤水分蒸发快，容易板结，犁地整地比较困难，土块较大，蚕豆出苗和生长困难，农民创造了"板沟按豆"播种法。这种方法是在水稻收获前或收获后，不进行翻耕而是在稻田土壤水分含量合适时，用绳拉镰刀画线分畦，然后将豆种平放上面，用拇指斜按入土，豆脐部稍向下倾斜。豆子入土深度依土壤水分多少而定，水分多或地下水位高，蚕豆入土应较浅，与田面平即可，否则入土 4～5 厘米。最好是将豆子按在稻茬旁边，这里土壤及水分条件较好。为及时播种，也可在水稻收割前排水，在稻棵边按豆，水稻收割后开沟。这种方法，开沟分畦很重要。画线分畦时刀要切入土中 7～10 厘米，播种后，及时用锄头沿沟线将沟土挖成薄片放在畦面上，待一二天易碎时，再用锄头碎细，盖在畦面上。一般畦宽 2.7～4 米，沟宽 20～24 厘米，深 24～26 厘米，要各沟相通，能排能灌。有条件的地区应用拖拉机和旋耕机整地，然后播种。还有用锹打穴点播，这适于在撂边地，果园、幼林地实行。

7. 苗期管理

当苗高 8.00～10.00 厘米时进行第一次中耕除草，行间锄深 8.00～10.00 厘米，株间锄深 4.00～6.00 厘米，要求第一次除净。叶色淡、茎秆细弱、幼苗瘦小的二、三类苗，结合第一次松土除草，施用尿素 1.50～2.50 千克/667 米^2。

8. 中期管理

第一水灌溉时间对蚕豆高产具有至关重要的作用，现蕾至开花期灌溉第一水。初花时施用磷酸二氢钾 0.05～0.10 千克/667 米^2、尿素 0.50～0.75 千克/667 米^2，对水 40.00～50.00 千克/667 米^2，于清晨或傍晚叶面喷施，每隔 10 天 1 次，连续喷施 2～3 次。盛花蚜虫极易发生，初期采用高效低毒低残留杀虫剂在田块四周喷封闭带（3～4 米），并对有虫株进行点片防治，当蚜虫普遍发生时进行全田防治，每隔 7 天防治 1 次，根据虫情连续防治 2~3 次。

9. 后期管理

当蚕豆进入鼓荚期，土壤水分含量低于适宜的指标 (田间最大持水量的 65%) 时要及时灌水，以增加粒重。灌水应根据苗情及天气情况，掌握好灌水时间和灌水量。全田植株开花至 10 层左右时，选择晴天露水干后摘除所有有效枝的顶尖的心叶和花蕾，不摘展开叶和开放花。

10. 收获及贮藏

蚕豆上下部分的豆荚成熟期不一致，所以要适时收获才能获得好的产量。我国秋播蚕豆一般在 4~5 月收获，极少的在 6 月上旬收获。春播蚕豆一般 7~8 月收获。在正常气候条件下，在叶片凋落、豆荚变黑褐色即可收割。蚕豆成熟后，豆荚容易落粒，要注意及时抢收；也可适当提前收割，将收割的豆株挂放室内或晒场 (注意防雨) 待其后熟，不影响发芽率。

蚕豆脱粒后水分含量还比较高，不宜立即入库贮藏，不然种子在贮藏中会发热变色，影响发芽力，甚至霉烂不能食用。贮藏好蚕豆的关键因素是豆粒的含水量要低。蚕豆收获后要立即晾晒。秋播蚕豆区在豆粒含水量 11%~12%时贮藏，春播区可在水分 13%以下时贮藏。农村没有水分测定工具，通常将晒 3~4 天后的蚕豆粒用牙咬，如一咬即断并有脆断声，表明已晒干，可以贮藏。用绊丝钳，将豆粒用力一夹，豆粒立刻脆断并有脆断声，也表明已晒干，可以贮藏。

蚕豆收获量大时应在药剂熏蒸后入仓库贮藏。要用干燥、阴凉，通风透气的房子作仓库，并将各处缝隙封好。在此前要用 20%的石灰水粉刷以消灭虫卵和成虫，入库豆子不能接触地面，要用油毡，塑料薄膜等防潮。农家收获的蚕豆量少时，可用瓦坛或瓦缸等容器贮藏，坛和缸内的底部应放一些生石灰以吸收水分。容器不要装得太满，应留一定空间，保证种子微弱呼吸。装好豆子的容器要用塑料薄膜将口封好，再盖上草纸和木板。

三、旱地蚕豆覆膜种植技术

（一）蚕豆品种的选择

要提高山西地区蚕豆产量，除了做好旱作农业区的地膜覆盖工作以外，还要选择合适的品种。通常情况下，如果没有重视蚕豆种子的管理，很容易出现蚕豆种被虫子蛀蚀的情况，若将这样的种子播种到田地间，不仅会出现出苗率过低的现象，幼苗长势也很差，所以，在播种以前一定要精选种子，选择成熟度较高的种子，最好在播种前晾晒，以便增强蚕豆种子的吸水能力，同时也可以将其中的病菌杀死，提高出苗率。此外，值得注意的是，蚕豆适宜在中性或偏碱性的土壤中生长，但种植过蚕豆的土地，其酸性会提升，如果多年种植并不利于蚕豆生长，所以，在这一过程中，就要避免重复种植蚕豆，而是要适当种植其他农作物，如与小麦或玉米轮作等，这样就可以弱化土壤酸性，提高蚕豆产量。选择百粒重在110g以上、蛋白质含量高、富含多种氨基酸、营养价值较高、抗病害的蚕豆品种。

（二）整地与播种

首先，在选地阶段，尽量选择地势相对平坦且土质偏于中性的土地，土壤肥力也应相对较好，保证轮作时间在两年至三年；在耕翻土地的时候，应在秋天进行，并做到深翻，深度至少为20厘米；在施肥阶段，应以农家肥为主，防止过度或长期使用化学肥料造成土壤板结，适当使用尿素，以此促进蚕豆生长，在实际应用中要做到具体问题具体分析；在地膜覆盖阶段，最好选择宽度在1.2米，厚度为0.008毫米的地膜，地膜与地膜之间的距离要控制在0.5米左右，避免过远或过近，铺膜期间要以平展为主，并将膜边压实，保证1米左右就用土覆盖好，防止大风天气将地膜吹毁。

其次，在播种阶段，应根据当地气候选择合适的播种时间，保证当地平均温度能够达到蚕豆生长标准，一般在每年4月中下旬到5月中旬左右为最佳播种时期，如果当年气候偏低可适当延后。种植行距应控制在30厘米左右，植株最佳间距为15.5厘米，并根据蚕豆种植土地面积数事先计算好植株数量。在播种蚕豆期间为保证出苗率，促进蚕豆后期生长，应以人工播种为主，每株植株的播种深度应控制在10厘米以内。

（三）田间管理

为提高旱作农业区地膜种植蚕豆增产效应，应做好田间管理工作，具体来讲主要有以下几点：第一，采用人工放苗，这种方式主要是在蚕豆出苗期间，如果发现部分幼苗无法自行出膜，就要采用人工放苗，帮助幼苗生长出膜，通过这样的方式不仅可以提高活苗率，还可以增加蚕豆产量。第二，在幼苗生长期间还需要一定的营养肥料，可以采用叶面施肥，按照幼苗生长情况施肥，特别要做好苗期和初花期的用肥，该阶段是幼苗生长关键期，同时，也要根据幼苗生长时期的不同而施用不同的肥料，如在苗期，应主要施氮肥，在初花期则应施磷钾肥，此外，还要注意多次施肥，及时为蚕豆补充生长所需微量元素，促进蚕豆生长。第三，在蚕豆生长期间，还要重视病虫害防治。对于蚕豆而言，在生长阶段最容易诱发赤斑病，所以，在防治病虫害阶段一定要做到每 10 天施药一次，持续施药 2 次左右即可，所施药物应为广谱性杀菌剂，施药时期多在花期阶段。第四，为提高地膜种植蚕豆产量，在田间管理阶段还要重视打顶，将多余花朵去掉，避免其与蚕豆生长花朵争抢营养，如在蚕豆出苗以后，适时去掉弱苗，及时移栽壮苗，且及时发现植株中的病植株，一旦发现就要将其拔除，防止病情扩大化同时，在蚕豆后期生长中还会出现一些无效分枝，如果不及时将这些分枝去除，就很容易抢夺营养，不利于植株生长。第五，在收获阶段也要做好控制，收获时间应根据蚕豆植株变化来确定是否能够收获，如果发现植株下部叶片脱落，植株茎底部 4 层出现黑荚且顶部荚变黄即可收割，但在收获期间应注意，最好采用人工拔除的方式。尽管人工种植与收获可以减少蚕豆浪费，然而，随着蚕豆种植面积的扩大，人工劳动强度也会增大，甚至超出人工工作承受范围，面对这一现实，应重视现代农业机械的应用，尤其是蚕豆地膜穴播机的应用，将这些技术应用到蚕豆种植中，对提高蚕豆产量和效益具有重要作用。

第五节　蚕豆主要病虫害防治

一、病害及防治

（一）蚕豆赤斑病

蚕豆赤斑病是世界蚕豆产区的一种重要病害。在中国、加拿大、日本、西班牙、英国、南美、北美、澳大利亚、苏联及非洲南部等均可造成不同程度的经济损失。该病遍布我国蚕豆产区，特别是在长江中下游和东南、西南的一些秋播蚕豆区及甘肃等一些春播蚕豆区，常因赤斑病的流行而使产量极不稳定，轻者减产 30%～50%，严重时成片枯叶死秆。在湖南蚕豆主产区，常年发生面积占种植面积的 80%～90%，其中枯死失收占发病面积的 10%以上。

发病症状

本病主要发生于叶片、叶柄、茎秆，严重时亦在花瓣、幼荚上形成病斑。每年早春即开始发病，发病初期，叶片上产生针状大小的小赤点，小点逐渐扩大成近圆形或椭圆形的赤褐色病斑，病斑圆形、卵圆形或长圆形；病斑直径 2～4 毫米，中间稍凹陷，边缘微隆起成栗色，病健交界处明显，散布在叶片的正反两面，正面多于反面，病斑常愈合形成面积较大，不规则形，呈铁灰色枯斑，引起落叶。茎和叶柄发病，产生赤褐色条斑，边缘深褐色，病斑表皮破裂后常生裂纹。花朵受害时，花冠呈褐色枯萎，从下而上逐渐凋落。豆荚上产生赤褐色斑点，严重时病菌能穿透豆荚，侵入种子内部，在种皮上形成小红斑。病株侧根稀少，主根皮层腐烂变为黑色，植株容易拔起。天气干燥及品种耐病的，病斑发展慢，仅形成圆斑或条斑，称为“慢性斑病”。天气潮湿时，叶片上病斑扩展快，病叶变黑，表面长出灰色霉层，即为病菌的分生孢子梗和分生孢子。这种病斑称为“急性病斑”。拨开枯秆，内有黑色椭圆形或扁平形的菌核。病情严重时，整个叶片、花器、幼荚及枝秆都发黑干枯，叶片大量脱落，田间植株一片焦黑，如同火烧。

发病条件

(1) 气候条件：诱发赤斑病的气候条件主要为温度和湿度。气温在 20℃上下最适合分生孢子萌发和侵染。无论秋播蚕豆和春播蚕豆，在常年的生产期中，气温在 15～25℃之间的时间很长，所以温度虽然是诱发病害的一个重要因素，但在自然环境条件下，不是最重要的条件。诱发赤斑病的主要因素是湿度。病害发生的空气相对湿度至少要在 85%以上。在气温 20℃，相对湿度 85%时，菌核大量萌发，反复侵染，特别在空气潮湿、温暖多雨时病害普遍流行或为害较烈。

(2) 栽培条件：引起蚕豆赤斑病的两种病原菌都是弱寄生菌，只有在寄主生长衰弱时，才有利于它的侵入。一般土壤酸性大、土质黏重、土壤贫瘠、钾肥不足、地势低洼、排水不良等情况下，发病重。另外，种植密度高，秋播蚕豆播种过早过迟，连作地发病重。

防治方法

⑴ 减少病源：蚕豆收割后，清除田间病残体，把枯枝落叶烧毁，避免菌核遗留田间越冬。

⑵ 选择地势，加强排水：种植蚕豆宜选择高燥的坡地、平地、沙质壤土。如地势低洼时，需高畦条沟，搞好沟渠配套，便于清沟排水，降低田间湿度，并改善蚕豆田生态环境，达到控制和减轻赤斑病的发生。

⑶ 加强栽培管理：合理密植，增施草木灰或其他钾肥，及时打顶，使株间保持通风透光，降低田间小气候湿度，提高抗病能力。

⑷ 药剂保护：主要药剂和用药量为25%多菌灵可湿性粉剂1:600倍液喷雾；50%甲基托布津可湿性粉剂1:1000倍液喷雾；50%农多灵可湿性粉剂1:800倍液喷雾；喷药后如药液未干遇雨，待雨停后及时补施，以保药效。

（二）蚕豆锈病

蚕豆锈病是一种世界性真菌病害，地理分布极广。发生比较严重的国家有埃及、南斯拉夫、西班牙、印度等国。在我国无论秋播蚕豆区和春播蚕豆区，均普遍发生，仅是危害的轻重程度不等，以南方潮湿地区的秋播蚕豆受害严重。常出现在蚕豆生产后期，一般可造成产量损失的10%~40%，高的可达到70%~80%，甚至毁产。

发病症状

蚕豆的叶片、叶柄、茎秆和豆荚上都能发生锈病，以叶片受害最重。叶片上病斑初为黄白色、略隆起的小斑点，逐渐变成锈褐色近圆形而突起的疱状斑，外围常有黄色晕圈，称为夏孢子堆；表皮破裂后散出锈褐色粉末，即为病菌的夏孢子。茎和叶柄上的夏孢子堆与叶片上的相似，但稍大，略成纺锤形。后期在叶片上，特别是在叶柄和茎秆上产生深褐色、椭圆形或纺锤形突起的疱斑，称冬孢子堆。破裂后露出深褐色粉末，即为病菌的冬孢子。豆荚表面也常产生夏孢子堆。特别严重的田块，茎叶上就像撒上一层黄褐色的灰。

发病规律

⑴ 侵染循环：病菌以冬孢子和夏孢子在病残体上越冬或越夏。病残

体上越冬或越夏的冬孢子不需要休眠期，遇适宜的条件可随时萌发，形成担孢子，靠气流传播到蚕豆叶片上，萌发侵入寄主组织，在寄主组织内形成孢子器，再发育成锈孢子器，锈孢子器中的锈孢子由气流传播到邻近的蚕豆叶片上，萌发进入蚕豆茎叶组织，形成夏孢子堆。病株上产生的夏孢子靠气流传播，进行多次再侵染，病害不断蔓延。到蚕豆生育后期，又形成冬孢子在病残体上越冬或越夏，完成侵染循环。

(2) 发病条件：

①气候条件。病菌适宜在温暖地区生长发育。大气温度是决定病害轻重的重要因素之一。

②栽培管理。种植过密，群体过大，蚕豆地小气候湿度大，光照不足，空气不流通，雨后叶表面不易干燥，有利于孢子萌发和侵入，往往容易发病。

防治方法

农业防治：选用抗病良种，目前，新育成推广的蚕豆品种不多且推广面积不大，各地应在已有的品种中选用抗病、高产的良种。合理密植：科学施肥，避免田间积水，使植株生长健壮。早种早收，避过发病盛期，或与豌豆以外的作物轮作，是减轻病害的重要措施。

化学防治：蚕豆出苗后应经常检查发病情况，发病初期就应根据病情防治 1~2 次，花荚期还应防治 1~2 次，药剂可以采用以下几种：15%粉锈宁可湿性粉剂 1:1000 倍液喷雾，也可以用 1:1.5:200 的波尔多液喷雾，根据病情，每 7 天 至 14 天可再施第二次，或 65%代森锌可湿性粉剂 1:500 倍液喷雾也有较好的防治效果。

（三）蚕豆褐斑病

蚕豆褐斑病在世界各国蚕豆产区均有分布，包括亚洲、欧洲、北美洲、南美洲、非洲和大洋洲的一些国家。在我国蚕豆产区均普遍发生，一般危害不大。近年来，在一些地区严重流行，逐渐上升为主要病害。

发病症状

病菌侵染蚕豆的叶片、茎、豆荚和种子。叶片受害初期出现赤褐色的小斑点，随后扩大形成圆形或椭圆形，直径 3~8 毫米的病斑或不规则形的病斑，周缘明显。病斑中央呈淡灰色，边缘呈深褐色凸起，表面常有同心轮纹，中央密生黑色小点，略作轮状排列，这是病菌的分生孢子器。病斑中央部分常脱落，呈穿孔状，严重时叶片枯死。茎上的病斑呈圆形、卵圆形、纺锤形，中央灰色稍凹陷，边缘赤色或深褐色凸起，病斑较大。在病组织表面散生大量黑色的小点，即为分生孢子器。受病种子在种皮表面形成黑色污斑。其上常形成分生孢子器，病种子一般不能发芽。

发病规律

病菌以菌丝体潜伏在种子内和分生孢子器在病残体上越夏或越冬，当第二年春季气温升高，空气湿度高时，分生孢子器内溢出大量分生孢子，并借风雨传播到距地面较近的叶片，随后再侵染逐渐发展到整个植株及周边植株。病害在 4～5 月发展达到高峰。种子表面和内部的病菌均能传带病菌，带病种子播种后，在潮湿情况下引起幼苗发病。带病种子是大田内发病的一个主要来源。在大田内病残体的传病效力不及带病的种子。

发病条件

早春多雨和植株过于稠密，将有利于病害发生。阴湿天气愈长，发病愈严重。

防治方法

农业防治：使用无病种子，最好采用来自无病豆田或无病区的种子，或选择无病豆荚，单独脱粒留种。在播前进行粒选，剔除病粒，选用无病饱满的种子。

注意田间清洁，收获后将病茎、叶、荚收拾并烧毁，并配合深耕，以减少越冬菌源。同时注意不要将病株残体混入肥料中。

加强田间管理，注意排水，合理密植，尤其在低凹的田块内勿播种过密。增施钾肥促使植株生长健壮，以提高植株的抗病力。

化学防治：结合赤斑病防治，在 3 月底 4 月初进行喷药保护。一般采用的药剂有 70%甲基托布津可湿性粉剂 1:1000 倍液喷雾，50%福美双可湿性粉剂 1:500 倍液喷雾。

（四）蚕豆轮斑病

蚕豆轮斑病是世界各国普遍发生的蚕豆病害。在我国的东北、华北、长江流域各省及福建、广西和甘肃均发生此病害。

发病症状

主要侵染叶片，其次茎、荚也可发病。叶上初生红褐色的圆形小斑，扩大后呈圆形、长圆形或不规则形，直径 1～14 毫米，平均 5～7 毫米，病斑中央浅灰色至黑褐色，边缘深紫色，环带状，病、健部分分界明显，病斑呈现同心轮纹。病斑中央组织坏死，往往腐烂穿孔，病叶多发黄，易掉落。叶柄和茎上病斑呈现长梭形，灰褐色，常凹陷，边缘深赤色。豆荚上的病斑小，圆形，黑色，略凹陷。

发病规律

病菌以病组织内的分生孢子座随病叶遗落地面越冬和越夏。第二年在其上产生分生孢子引起初侵染。分生孢子借风雨传播，条件适宜即萌发芽管经伤口或直接穿透表皮侵入寄主，以后病部产生大量的分生孢子进行再次侵染。分生孢子座成小粒状，能耐旱和耐寒，是大田内病害的主要来源。

发病条件

湿度是病害严重发生与否的决定性因素。高湿度是分生孢子的形成、萌发和侵入寄主的必要条件。温度 18～26℃，相对湿度 90%以上时，最有利于病菌侵染，所以，3～4 月间多雨湿润，最有利于此病的发生。

防治方法

农业防治：注意田间卫生，如清除病株参与和深翻灭茬等，以杜绝病菌来源。病害初发时及早摘除病叶并烧毁，减少再次侵染源。

加强田间管理，合理密植以利通风透光；合理施肥，增施钾肥；注意开沟排水和避免在阴湿地种植。

化学防治：结合防治赤斑病等，于 3～4 月间进行喷药保护，可以减轻和控制病害。药剂可选用 0.5:1:100 波尔多液喷雾；或 70%甲基托布津可湿性粉剂 1:1000 倍液喷雾；或 20%粉锈宁可湿性粉剂 1:1000 倍液喷雾；或 50%多菌灵可湿性粉剂 1:800 倍液喷雾等，均有一定效果。

（五）蚕豆白粉病

苏丹、埃塞俄比亚和以色列等国报道发生蚕豆白粉病有时危害严重。在我国蚕豆白粉病分布不广，危害不大。仅有云南和新疆普遍发生。一般在蚕豆生长季节比较干燥的地区容易发生。

发病症状

早春蚕豆发芽初开始发病，主要侵害叶片；其次茎、荚等柔软部位也可感染。叶片发病初期，组织呈现淡褐色斑块，逐渐扩展并愈合成大斑，随后表面产生小的白色粉状物病斑，病斑迅速扩大，愈合成大面积白粉状斑块。当气候适宜时，病斑迅速扩展，病叶作纵向卷曲并变厚，病害继续发展，受病的嫩叶变色和枯萎，导致茎端凋萎。嫩茎和叶柄发病，产生白色粉状斑块外，有时产生赤色的病斑和病痕。嫩荚受害，荚成畸形和早熟状。在病部产生白色粉状物，即病原菌的分生孢子梗及分生孢子。当病害发展到后期，在病部表面产生大量赤褐色至深褐色小粒点，即为病原菌的闭囊壳。

发病规律

病菌以闭囊壳在蚕豆、豌豆或野生巢豆的病残体上越冬越夏，温暖地区也可以以菌丝体及分生孢子在病部越夏越冬。翌年气候适宜即不断产生子囊孢子或分生孢子，借风雨传播。干燥和气温较高的气候适合蚕豆白粉病发生和发展。气候干燥是发病的主要诱因。在蚕豆生长季节，很容易发生蚕豆白粉病，较高的气温容易诱发病害。

防治方法

农业防治：选用早熟品种，在白粉病大发生前接近成熟，以避开白粉病害。合理密植，增施钾肥，使植株生长健壮。

化学防治：发病初期喷洒30%固体石硫合剂1:150倍液喷雾，或15%粉锈宁可湿性粉剂1:1000~1500倍液喷雾，或50%萎锈灵乳油1:800倍液喷雾等方法防治。

二、虫害及防治

（一）蚜虫

蚜虫属同翅目，胸喙亚目，世界已知3000种以上。其体形虽小，但习性复杂，繁殖力强，对农作物破坏较大。蚜虫以刺吸式口器吸取植物营养，使叶片皱缩，嫩叶、嫩茎生长点受害，生长发育受阻，甚至停止生长、萎黄、死亡。蚜虫是蚕豆最重要的害虫。

种类、形态

为害蚕豆的蚜虫主要有豆蚜、豌蚜和豌豆修尾蚜三种，均属蚜科。

（1）豆蚜：体长1.8~2毫米，宽卵形，黑色、有光泽。腹管、尾片、尾板及生殖板黑色。中额瘤稍隆，额瘤也稍隆，但不超过中额瘤。触角1.3毫米，为体长的68%，触角末节鞭部为基部的2.6倍。附肢白黑相间，腹管黑色，长圆筒形，为尾片的1.6倍，尾片长圆锥形，腹部背面，腹部背面第一至第六节各斑融为大黑斑，空白不多，第二节有缘斑。有翅蚜前翅中脉分为3支。

(2) 豌蚜：体长4.9毫米，宽1.8毫米，纺锤形，草绿色。中额平，额瘤显著外倾。触角细长，4.8毫米，第三节基部有小圆感觉圈3～5个。腹管细长筒状，长1.1毫米，为尾片的1.6倍，稍短于触角第三节，端部黑褐色，其余与体同色。尾片长锥形，端尖。体光滑。有翅蚜长纺锤形，长4.1毫米，宽1.3毫米，头胸稍骨化，腹部淡色，无黑斑，触角为体长的1.1倍，第三节有小圆形感觉圈14～22个。

(3) 豌豆修尾蚜：体长3.7毫米，宽1.6毫米，纺锤形，油绿色，附肢黑色。足除胫节基部及中部稍骨化，其他各节黑色。体表光滑中额平，额瘤明显隆起外倾。触角细长，长4.2毫米，为体长的1.1倍，第三节次生感觉圈隆起且数量多，有小圆形突起次生感觉圈11～51个。前胸黑色，中胸及第七、第八腹节具横带，各胸节具大缘斑。腹管长筒形，0.62毫米，为体长的0.17倍，与尾片等长或稍长，漆黑色，基部粗大，向端部渐细。尾片长圆锥形，0.59毫米，中部收缩，端部尖。

生态习性与发生特点

(1) 繁殖：同一种蚜虫因气候条件和发生地点的差异，可以有不同的生活习性和繁殖方式。蚜虫繁殖能力强，一头蚜虫一般可产上百头幼蚜，最多日产10～15头，世代重叠十分明显。

(2) 扩散与迁移：蚕豆播种出苗后，有翅蚜从蚜源植物迁入，定居并繁衍后代。随着植物生长，无翅蚜从老叶向嫩叶爬行，从蚜害株向无蚜或少蚜株爬迁，寻找适合的食物。蚜虫密集处，会产生有翅蚜迁移到同田其他植株或其他田块。无翅蚜爬迁。有翅蚜迁飞是为害的起点，又是田间发生点向普遍发生过渡的主要原因。蚜虫的扩散在南方入冬以后气温回升后最为活跃。

蚜种、蚜量与发生为害。豆蚜聚集在顶端生长点部位为害，破坏了蚕豆顶端细胞正常分裂增殖活动，导致较早停止生长或者死亡，进而影响了荚果生长。

不同蚜种在蚕豆上的发生、为害也有差异。豆蚜在各蚕豆产区都是最主要的为害蚜种。豆蚜活动能力差，在一块田内株间分布常有集中现象。开始时先出现中心蚜株，后转移扩散，形成一片片为害中心，蚜虫几乎全集中在植株上部，称为“龙头株”，单株蚜量常在2000头以上。

(3) 天敌：蚜虫的天敌较多，捕食性天敌有食蚜蝇科、猎蝽科、瓢虫科及多种蜘蛛；内寄生昆虫蚜小峰等，及寄生性微生物如蚜霉等。

防治方法

农业防治：适时播种，合理布局，在当地最佳节令内播种，播期不要拖得太长，蚕豆田安排尽可能与蚜源作物距离远些。

加强田间管理，合理施肥，适时灌水，掌握合理的群体结构，增强植株的抗虫能力。清除杂草，减少虫源。

加强品种选择，选择产量高，品质好、抗虫能力强的品种。

化学防治：病毒病流行区，蚜虫迁飞期重点防治。一般防2次。

唑蚜威。氨基甲酸酯类杀虫剂。具有高效、高选择性、触杀和内吸等特点。使用25%唑蚜威2000~3000倍液。

菊酯类农药。低毒到中毒，有触杀、胃毒作用，无内吸作用，活性高，药效迅速。

烟碱化合物— 吡虫啉。高效内吸性广谱杀虫剂，具有胃毒和触杀作用，持效期较长，低毒。

有机磷杀虫剂乐果、辛硫磷。乐果有内吸性，杀虫范围广，有强烈的触杀和一定的胃毒作用，毒性中等。辛硫磷以触杀和胃毒为主，无内吸作用。杀虫谱广，击倒性强，对光不稳定，易分解，叶片喷雾残效期短。

(二) 豌豆象

分布、寄主及为害　豌豆象来源于欧洲，现世界各地均有分布，我国大多数地区有不同程度的发生为害，寄主主要是豌豆，也为害蚕豆。影响产量，降低种子发芽率且受害豆种气味难闻，不能食用。

形态特征

成虫体长4~5毫米，宽2.6~2.8毫米，椭圆形，栗褐色。触角锯齿状11节，触角基部4节，前、中足胫节，跗节红褐色。体密被细毛。卵长椭圆形，橘红色，较细的一端有长约0.5毫米的丝状物两根，以附豆荚上。幼虫乳白色，头黑色，共4龄。

生活习性

一年发生一代，以成虫在仓库、房屋的缝隙、田间残株、树皮裂缝、田间残株、树皮裂缝等处越冬。成虫羽化后取食花蜜、花粉、花瓣或叶片补充营养后交配产卵。每雌虫能产卵130~1000粒。卵期6~7天或8~9天。幼虫孵化后借助刺盘蛀入豆荚钻入豆粒为害。被害豆粒表皮外蛀入孔为突起的褐色小斑点，一般一粒豆内只一头幼虫。成虫寿命很长，一般约330天。

防治方法

农业防治：成虫盛发期90%美曲膦酯1000倍或菊酯类农药2000~3000倍喷雾，隔7~10天再喷1次，杀死成虫于产卵之前。

沸水侵烫，锅内装水八成满，水烧沸后将装好的蚕豆连篓带豆放入锅内，上下搅拌30秒后提出锅外放冷水中降温，摊晾晒干贮藏。

化学防治：蚕豆收获后可用氯化钾密封熏杀48小时。

第六节　蚕豆的综合利用

一、蚕豆的营养价值

（一）蛋白质含量与组成

蚕豆的蛋白质、碳水化合物、脂类和矿物元素，占其本身重量的96%。就蚕豆栽培品种而言，其籽粒蛋白质含量范围为20.3%~41%，平均为30.7%。就同一品种而言，籽粒蛋白质含量还随栽培季节（春播或秋播）、栽培地区、单产水平及测定样品在植株上所处的节位而有波动。蛋白质含量是糙米和面粉和玉米的2倍以上，碳水化合物为它们的65%左右，而脂肪含量不足其1/2、玉米的1/4。在豆类作物中蛋白质含量仅低于大豆，热量较低。在矿物元素中，除钙略低于糙米外，磷、铁均超过其他禾谷类作物，尤其值得注意的是维生素中的核黄素，在禾谷类、豆类作物中遥遥领先。

（二）淀粉、粗纤维和脂肪

蚕豆籽粒中总碳水化合物的重量占51.5%、籽粒67.9%（子叶和胚芽），其中淀粉占碳水化合物总量的80%，约占籽粒重量的50%，是蚕豆食品中的主要热量来源。在淀粉中，直链淀粉含量高。粗纤维含量占蚕豆籽粒重量的 8%，其中半纤维占粗纤维重量的 60%以上，35%是纤维素，大部分存在于种皮中。

（三）矿物质营养和维生素

蚕豆是人类膳食中矿物质营养如磷、钾、钙、硫和铁的良好食物来源，也是 B 族维生素、烟酸等的优良营养源。蚕豆干籽粒中含铁 450～550 毫克/100 克，磷 950～1400 毫克/100 克，钙 120～260 毫克/100 克，镁 110～160 毫克/100 克，硫 210～250 毫克/100 克，维生素 B_1 0.38 毫克/100 克，维生素 B_2 0.24 毫克/100 克，烟酸 2.10 毫克/100 克。蚕豆种皮中磷的含量相对于子叶中少些，而钙的含量则多些。硫的含量中 60%是以硫氨基酸的形式存在。磷的含量中有 40%～60%是不能被吸收利用的无效成分。

（四）蚕豆的加工及利用

1. 蚕豆的淀粉生产

淀粉生产由干法生产和湿法生产两种。

干法生产：挑选剔除霉病豆粒，磨粉、浸泡、过筛、磨制、过滤、搅拌成糊状静放沉淀，清出上清液，再将淀粉部分加水过筛、沉淀，水呈浅蓝色，清出上清液，装入布袋过滤，待凝固后，继续脱水晒干即成，这种做法多为作坊式生产。

湿法生产：目前工业上生产淀粉以湿法生产为主。湿法工艺在去除有害物质方面比干法工艺效果更好，并对关键技术进行了一系列改革，主要针对大规模淀粉加工。

2. 蚕豆粉丝

粉丝是蚕豆淀粉加工的主要食品，在我国至少有 1400 多年的历史。过去粉丝制作多为手工业加工，品质差、出粉率低，质量不稳定，加工时容易糊化，直接影响粉丝质量和市场。目前已发展到半机械化、机械化生产。

3. 蚕豆蛋白质浆液的利用

蚕豆淀粉生产过程中，仅仅利用蚕豆所含 50%左右的淀粉，近 90%的蛋白质均在浆液中。其中谷氨酸、亮氨酸、苯丙氨酸、赖氨酸、精氨酸等均超过绿豆浆液中的含量。我国粉丝加工厂，每年排出粉渣 80 万～100 万吨，粉丝尾水中排放植物蛋白20万~30万吨。目前相当大部分生产淀粉的浆液尚未开发利用，应该进行深度加工。淀粉浆液可以生产豆腐、豆腐干、酱油，也可以作为生产腐竹、香肠和碎肉制品辅助添加剂。

4. 蚕豆的豆乳饮料

我国根据用料、加工和产品特性分为普通豆乳、酸乳、风味豆类饮料、豆类营养保健饮料、豆类固体饮料和豆类清凉饮料五大类。豆乳中脂肪含量低于动物乳，其中不饱和脂肪酸含高达52%~60%，远远超过动物乳。且含大量人类必须脂肪酸、亚油酸和亚麻酸等，不含胆固醇，长期服用不仅不会造成血管壁胆固醇的形成，而且对血管壁沉降胆固醇有溶解作用。此外，豆乳含有丰富的铁、钾和多种维生素。防止血管硬化，减少褐斑，预防老年病。

5. 蚕豆酱类的酿制

蚕豆酱类的酿制方法和规模受经济的发展和市场的影响很大，形成了工业化生产和作坊式生产及家庭自我酿作并存的局面。目前，前者不断增加，后者不断减少。四川郫县豆瓣已有100多年的生产历史；安徽省安庆市胡玉美豆瓣酱曾4次在国际博览会上获奖，在我国西部和东部地区各领风骚。

6. 蚕豆小食品及菜肴

利用干、鲜蚕豆为原料加工的小食品及菜肴味道鲜美、营养丰富，很受国人欢迎。由于地区差异，食用场所不同，可以加工上百种菜肴和几十种小食品。其中干蚕豆以油炸、卤煮、炒焙为主，比如怪味胡豆、玉带蚕豆、糖胡豆、油炸豆瓣、酱胡豆、香油胡豆、蚕豆脆皮、五香豆和绍兴胡香豆等；鲜蚕豆以菜肴为主，比如蚕豆糕、土司蚕豆、蚕豆饼、锅贴蚕豆和脆皮蚕豆卷等。

二、蚕豆的药用保健及在环保上的利用

（一）蚕豆的药用和保健

在中医医学中，蚕豆占有一席之地。早在明代李时珍《本草纲目》中记载："味甘、微辛、无毒，快胃和脏腑。"明代《群芳谱》记载主要功能："健胃、除湿、通便、凉血。"王祯《农书》进一步阐明"豆供食用，

花叶荚壳皆可入药。”《中医学大辞典》介绍蚕豆有健脾、除湿、通便、凉血功用，治疗小便频数、咯血有显著疗效。我国保健食品食疗、药膳有数千年的历史，具有鲜明的民族特色，是饮食文化与中医学相结合的产物。蚕豆的保健作用主要补充营养，增强抵抗力。蚕豆叶等食疗，有助清凉解毒、止血清肺之功效。

（二）蚕豆在环保监测方面的利用

蚕豆是进行遗传学研究的好材料，具有染色体数目少，形态大等特点，而且细胞周期中大部分时间处于诱变剂敏感的时期，便于进行遗传毒性的检测，可以在射线作用下引起染色体畸变对生物遗传物质的损伤及纺锤体为测试终点的规范检测方法，已广泛应用于环保、农业和医疗卫生等方面监测。

三、蚕豆在饲用方面的利用

蚕豆茎、叶、籽粒、荚壳全部可以入饲。蚕豆作为饲料，营养丰富，含有较多的蛋白质、粗纤维、多种氨基酸、磷矿物元素和多种微量元素。蚕豆作为饲料，无论在原样品中还是干物质中的总能量、消化能、代谢能次于大豆，但优于其他豆类，并且和其他谷物饲料配合，能显著提高饲料转化率。蚕豆籽粒作为牲畜精饲料，秸秆作为牛、羊填充物。近年来，通过克服蚕豆中抗营养素，也应用于禽类、鱼类饲养中，并取得可喜的进展，推动了蚕豆籽粒饲料工业的发展。

图书在版编目（CIP）数据

食用豆高产栽培技术与综合利用/张耀文，赵雪英主编．—太原：山西科学技术出版社，2018.1（2020.6 重印）
ISBN 978－7－5377－5655－6

Ⅰ．①食… Ⅱ．①张… ②赵… Ⅲ．①豆类作物—高产栽培 ②豆类作物—综合利用 Ⅳ．①S52

中国版本图书馆 CIP 数据核字（2017）第 306849 号

食用豆高产栽培技术与综合利用

出 版 人：赵建伟
主 编：张耀文 赵雪英
责任编辑：王保彦
封面设计：吕雁军

出版发行：山西出版传媒集团·山西科学技术出版社
地址：太原市建设南路 21 号 邮编：030012
编辑部电话：0351－4922061
发行电话：0351－4922121
经 销：各地新华书店
印 刷：山西科林印刷有限公司
网 址：www. sxkxjscbs. com
微 信：sxkjcbs

开 本：787mm×1092mm 1/16 印张：11.5
字 数：188 千字
版 次：2018 年 1 月第 1 版 2020 年 6 月山西第 2 次印刷

书 号：ISBN 978－7－5377－5655－6
定 价：34.00 元

本社常年法律顾问：王葆柯